Der Autor

Gregg Braden gilt in den USA als einer der brillantesten Forscher im Bereich »Neues Bewusstsein«. Er ist Geologe, war NASA-Wissenschaftler und Computer-Netzwerktechniker. Zwei Nahtod-Erfahrungen und seine Arbeit als Reiseführer zu heiligen Plätzen auf der ganzen Welt veranlassten ihn, Tempel, Mythen und Traditionen zu erforschen und mit seinen wissenschaftlichen Erkenntnissen zu verknüpfen. In Deutschland waren seine Bücher »Im Einklang mit der göttliche Matrix« und »Der Realitätscode« Bestseller.

Vom Autor ist außerdem in unserem Hause erschienen:

Quanten-Herz (DVD)

Gregg Braden
mit Lynn Lauber

QUANTEN HERZ

Aus dem Amerikanischen von
Gabriel Stein

Ullstein

Besuchen Sie uns im Internet:
www.ullstein-taschenbuch.de

Allegria im Ullstein Taschenbuch

MIX
Papier aus verantwortungsvollen Quellen
FSC® C014496
FSC
www.fsc.org

Ullstein Taschenbuch ist ein Verlag
der Ullstein Buchverlage GmbH, Berlin
Erstausgabe im Ullstein Taschenbuch
1. Auflage November 2012
2. Auflage 2013

Erschienen 2012 im Verlag Hay House Inc. USA
Umschlaggestaltung: FranklDesign, München
Titelabbildung: Hay House Inc. USA
Satz: Keller & Keller GbR
Gesetzt aus der Bembo
Papier: Pamo Super von
Arctic Paper Mochenwangen GmbH
Druck und Bindearbeiten:
GGP Media GmbH, Pößneck
Printed in Germany
ISBN 978-3-548-74576-3

Wissenschaft kann die letzten Rätsel
der Natur nicht lösen.
Sie kann es deswegen nicht,
weil wir selbst ein Teil der Natur
und damit auch ein Teil des Rätsels sind …

Max Planck

1

Pfeifend wischte der Hausmeister mit einem altmodischen Fransenmopp den Boden eines stillen Highschool-Flurs. Er war Anfang sechzig, schlank und froh, im Gegensatz zu vielen anderen Mitgliedern seiner Familie eine feste Anstellung zu haben. Er stammte aus dem Osten Jamaikas, wo Arbeit knapp war. Während seiner Tätigkeit dachte er versonnen an die Nebel rings um die Blue Mountains, in deren Nähe sein Geburtsort lag.

Vor den Fenstern blühte ein weiterer April in San Francisco – wolkenlos, mild, die Bäume ein sanftes Grün. Der Hausmeister kam an den Verwaltungsbüros vorbei, von wo das ebenso geschäftige wie leise Klicken der Computertastaturen zu hören war, und erreichte dann die leere Eingangshalle mit ihrer langen Reihe von Glaskästen. Diese stellten Trophäen der Schüler zur Schau, die sich seit Bestehen der Schule im Laufe von 50 Jahren angesammelt hatten. Die meisten Preise waren in den Sportarten Basketball und Football gewonnen worden.

Die übrigen Kästen enthielten Fotografien ehemaliger Schüler und Lehrer, angefangen bei den leuchtenden Kodachrom-Fotos der frühen 1960er-Jahre – blonde Cheerleader mit rosa Lippen und roten Kostümen – bis zu den heutigen Digitalaufnahmen auf Druckerpapier. Innerhalb dieser Zeitspanne schien jeder Stil des letzten halben Jahrhunderts vertreten zu sein – Country und Western, Hippie, Punk, Gothic und jede Variante dazwischen.

Unter den mehreren Hundert dargestellten Personen ragten einige heraus. Eine Absolventin von 1969 hatte einen so üppigen Afro, dass er den Rahmen des Fotos sprengte. Ein blonder Schüler der Siebzigerjahre war mit Pilzkopf und Omabrille dem Folksänger John Denver wie aus dem Gesicht geschnitten.

Ein neueres Foto zeigte einen gut aussehenden, sensiblen Jüngling mit hohen Wangenknochen und gepiercter Nase, dessen wallende Locken hinter die Ohren geklemmt waren. Daneben stand ein Foto mit dem gleichen Gesicht, ungepierct, mit kürzerem Haar und einem intensiveren Ausdruck. Diese beiden Aufnahmen ließen viele Betrachter innehalten und zweimal hinschauen – die jungen Männer waren die einzigen eineiigen Zwillinge in der Abschlussklasse 2005.

Der Hausmeister setzte seinen Weg fort, stieg in den ersten Stock zu den Räumen für naturwissenschaftliche Fächer. Im ersten wiegte Mr Hadley, ein Ewiggestriger mit schwarzer Hornbrille und monotoner Stimme, durch seine Erklärungen zum Pleistozän eine weitere Klasse in den Schlaf. Die Köpfe der meisten Schüler ruhten auf den Tischen; die anderen verschickten E-Mails von ihren Laptops.

Im nächsten Raum versuchte eine neue Lehrerin Mitte zwanzig, aus den Südstaaten stammend, in ihrer spröden Art eine Klasse übermütiger, älterer Schüler zu bändigen, während sie die Feinheiten der Fremdbestäubung erläuterte. Auf der Tafel war ein Diagramm mit Staubgefäß und Stempel zu sehen, dem jedoch niemand Beachtung schenkte. Mehrere Schüler nahe der Tür beschäftigten sich mit ihrem Fast Food-Frühstück; einer goss Sirup über einen Stapel Pancakes im Styroporbehälter. Handys summten und piepten.

Ganz anders ging es im letzten Raum am Ende des Flurs zu; hier schien die Zeit stillzustehen.

In einer Ecke flammte ein Bunsenbrenner. An der Wand hing das Diagramm eines Atoms; die Decke zierte ein Schaubild des Sonnensystems, und die Tafel war beschriftet mit einer langen komplexen Formel. Die einzigen Objekte, die auf die Gegenwart hindeuteten, waren die an der Wand aufgereihten Computer, aber an diesem Tag wurden sie von keinem benutzt.

Stattdessen lauschte ein Dutzend Schüler unterschiedlicher Gestalt und Größe atemlos dem Lehrer Peter Keller. Zweiundvierzig Jahre alt, das Haar grau meliert und die Augen von zartem Blaugrün, hatte er die Ärmel seines weißen Anzughemds hochgerollt. Der zerknitterte, müde Gesichtsausdruck tat seiner Vitalität keinen Abbruch. Offenbar erfüllte ihn ein leidenschaftliches inneres Glühen, während er sich mit der Anmut und Gewandtheit eines Schauspielers über sein Thema ausließ.

Die Schüler hingen ihm an den Lippen, als er 60 Milliliter Wasser abmaß und in eine leere Getränkedose goss. Mit einer Zange näherte er diese vorsichtig der Stelle über der Flamme des Bunsenbrenners. Jahr für Jahr war sein Kurs zur Einführung in die Physik der beliebteste an der Schule, oft mit einer Warteliste, falls jemand sich abmeldete, was jedoch nur selten vorkam. Er stand im Ruf, bei den Schülern eine neue Achtung vor und ein starkes Interesse an der Naturwissenschaft zu wecken. Möglicherweise war das der Grund, warum viele heimlich und lange Zeit für ihn schwärmten, obwohl er dies kaum bemerkte und niemals förderte. Tatsächlich war Keller außerhalb des Klassenzimmers ein stiller, scheuer und irgendwie rätselhafter Zeitgenosse.

Hinter dem Labortisch stehend, wandte er sich nun seinen Schülern zu. »Lassen Sie mich Ihnen eine Frage stellen. Warum treibt ein Mensch auf dem Wasser, wenn man ihn hineinstößt, wohingegen ein Buch untergeht?«

Ein stämmiger Junge namens Eddie Campos, der einen blonden Irokesenschnitt trug und Klassenclown war, erwiderte: »Ich treib nicht. Einmal hab ich versucht zu schwimmen, und ich schwör Ihnen, dass ich wie 'n Stein versunken bin.«

Die Schüler lachten.

»Mr Campos, dann lassen Sie es mich so ausdrücken: Warum treibt jeder außer Ihnen auf dem Wasser, während ein Buch untergeht?«

»Dichte«, antwortete Eddie.

»Danke. Offenbar sind Sie nicht so ganz dicht. Folglich ist mir schleierhaft, warum Sie nicht treiben.«

Erneutes Gekicher unter den Schülern. In diesem Raum herrschte eine vertraute, wohltuende Stimmung.

Eddie fragte: »Ist es nicht auch wegen der Dichte, dass bei diesen ausgefallenen Cocktails die eine Schicht über der anderen schwimmt?«

»Richtig. Doch leider werden ausgefallene Cocktails mit mehreren Schichten nicht die endgültige Erklärung liefern. Irgendwelche weitere Fragen, während wir warten?«

Ein schmächtiger, grünäugiger Junge in Kapuzenshirt hob die Hand.

»Ja, Colin?«

»Wann kommen wir zur Quantenphysik?«

»Nachdem wir die klassische Physik abgeschlossen haben … was bei unserem Tempo um das Jahr 2017 der Fall sein sollte.«

»Ich hab gehört, dass man durch Quantenphysik Zeitreisen machen kann. Das wär mein Ding.«

Peter lächelte. »Gut, würden Sie lieber in die Zukunft oder in die Vergangenheit reisen?«

»Ich glaub, in die Vergangenheit, als alles noch einfacher war.«

»Wirklich? Demnach würden Sie gern bei Kerzenlicht lesen, sich am offenen Feuer wärmen, vorausgesetzt, Sie hätten genügend Holz oder Kohle, und zu Fuß gehen oder auf dem Pferd reiten. Das heißt, Sie würden Ihr ganzes Leben in der gleichen Gegend verbringen. Und natürlich würden Sie für Ihren Nahrungsbedarf auf die Jagd gehen – Tiere erlegen und Fische fangen – um nicht hungern zu müssen. Danach sehnen Sie sich?«

Colin lächelte verlegen und schüttelte den Kopf. »Nicht, wenn Sie die Situation so darstellen.«

»Nun, mein Freund, nicht *ich* stelle die Situation so dar. Bis vor etwa hundert Jahren verlief das Leben fast überall in dieser Weise – und an manchen Orten ist es auch heute noch so.«

Der Lehrer schaute einen Moment nachdenklich aus dem Fenster und fuhr dann fort.

»Einsteins Theorien lassen durchaus darauf schließen, dass Zeitreisen möglich sind. Allerdings müssen vorher noch einige Probleme gelöst werden, und deshalb wird das nicht in absehbarer Zukunft geschehen. Nächste Frage?«

»Es stimmt doch«, warf Colin ein, »dass es in einem Atom so viel Platz gibt, dass wir imstande sein sollten, durch Wände zu gehen, oder?«

»Theoretisch ja. Aber die Wahrscheinlichkeit ist so unendlich gering, dass man es äußerst lange versuchen müsste. Sie können gerne die Probe aufs Exempel machen. Gleich hinter Ihnen befindet sich eine Wand, Mr Morley.«

Peter deutete auf die Wand am anderen Ende

des Raumes und forderte ihn zu einem Versuch auf. Colin lächelte und schüttelte wieder den Kopf.

Monica Bennett, ein nervöses Mädchen mit brünettem Haar und sanfter Stimme, hob die Hand. Mr Keller zeigte auf sie.

»Was geschah vor dem Urknall?«

Jane Sinclair, das dunkelhaarige, hochgewachsene, knochige Alpha-Girl in der Klasse, kicherte. »Was für eine dumme Frage«, spottete sie.

Keller betrachtete sie mit zusammengekniffenen Augen. »Können Sie diese Frage etwa beantworten, Ms Sinclair?«

»Nun …« Sie errötete bis zu den Haarwurzeln, senkte den Blick und gab damit zu verstehen, dass sie passen musste.

»Auch ich habe keine Antwort darauf«, erklärte Keller. »Wer sie weiß, wird den Nobelpreis bekommen und muss mich dann mit nach Stockholm nehmen.«

»Mein älterer Bruder hatte Sie als Lehrer und sagte, dass Sie für die Regierung gearbeitet und Bomben oder so was gebaut haben. Stimmt das?«

»Wer ist Ihr Bruder?«

»David Segal.«

»*Der* David Segal, der dabei erwischt wurde, wie er hinter den Laptops Marihuana rauchte?«

»Äh, genau der.«

Allgemeines Gelächter.

»Wahrscheinlich hat Ihr Bruder den Bau von Bongs mit dem Bau von Bomben verwechselt«, witzelte Peter und riss, um die Wirkung seines Kommentars zu steigern, die Augen auf.

Die Schüler gluckten vergnügt.

»Nächste Frage.«

Monica Bennett hob erneut die Hand.

»Ja?«, fragte Peter.

»Ich glaub, das Wasser kocht.«

Er blickte auf die Getränkedose. »In der Tat. Okay! Alle setzen ihre Schutzbrillen auf und versammeln sich hier.«

Die Schüler befolgten seine Anordnung und bewegten sich vorwärts, bis sie um Peter einen Kreis bildeten, der seine eigene Schutzbrille aufsetzte.

»Wo ist der Eimer?«

Colin holte einen weißen, mit kaltem Wasser gefüllten Plastikeimer und stellte ihn neben dem Labortisch auf den Boden.

»Sind alle bereit?«, fragte Peter. »Eddie, wo ist Ihre Schutzbrille?«

Eddie Campos wurde fündig und setzte sie auf.

»Nun denn«, sagte Keller. »Was wird Ihrer Meinung nach passieren?«

»Das Wasser wird total über uns spritzen«, erwiderte Campos.

Peter schaute sich um. »Hat noch jemand eine Idee?«

»Der Dosenring wird abplatzen und das heiße Wasser hervorsprudeln«, wagte Colin zu behaupten.

»Ich glaub, es wird überhaupt nichts passieren«, sagte John Segal.

»Okay, dann schauen wir mal«, murmelte Peter. Mit der Zange entfernte er die Dose vorsichtig von der Flamme, kippte sie in einer schnellen, sicheren Bewegung um und tauchte sie in den Eimer mit kaltem Wasser, wo sie schlagartig zusammengedrückt wurde. Ein Beifallssturm brandete auf.

»Das war spitze«, sagte Eddie Campos. »Tolle Nummer, Mr Keller.«

Es läutete zur Pause, und die Schüler rasten zu ihren Plätzen zurück. Sie schnappten sich Bücher und Taschen, entledigten sich hastig ihrer Schutzbrillen. Peter drehte den Gashahn zu und nahm ebenfalls seine Schutzbrille ab.

»Am Montag will ich von jedem von Ihnen eine schriftliche Arbeit über den physikalischen Prozess, der dazu führte, dass die Getränkedose zusammengedrückt wurde!«

Während die Schüler zum Ausgang drängten, spähte Peter durch das Fenster. Draußen hatte es heftig zu regnen begonnen. Dann ging er in Richtung Tafel, vor der eine breite Leinwand hing. Nachdenklich starrte er darauf, bis auch der letzte Schüler den Raum verließ.

* * *

Die Tür fiel ins Schloss, und Peter war allein. Er rieb sich die Augen, wandte sich dann einem Aktenschrank an der Seite seines Schreibtisches zu und öffnete ihn mit einem Schlüssel. Er kramte darin, suchte nach etwas und zog schließlich eine Schwarz-Weiß-Fotografie hervor, auf der eine junge schöne Frau mit olivfarbener Haut zu sehen war. Ihre mandelförmigen Augen blickten in die Kamera. Außerdem nahm er ein Buch und ein Meditationskissen zur Hand.

Er legte das Foto auf einen hohen Stapel Papiere auf dem Schreibtisch und blätterte in dem Buch. Nach einer Weile ging er zur Leinwand und zog sie nach oben.

»Peter?«

Erschrocken zog er die Leinwand wieder herunter, um die Formel auf der Tafel zu bedecken. In der offenen Tür stand Dori Morgan, die angesehene Französischlehrerin der Schule. Blond und grauäugig, mit einem warmherzigen Lächeln und einem sanften Lachen hatte Dori ihn mehrmals zu einem Kaffee eingeladen, was er jedoch immer abgelehnt hatte.

»Hallo, Peter. Ich war neugierig, gehst du heute Abend zur Bezirksversammlung des Bildungsausschusses?«, fragte sie. »Wir könnten zusammen im Auto hinfahren.«

Peter wandte sich von ihr ab und hantierte geschäftig mit einigen Papieren. »Hm, nein. Hab wahnsinnig viele Hausaufgaben zu korrigieren.«

Dori lachte. »Es ist Freitag, Peter.«

Sie lehnte sich erwartungsvoll gegen den Türrahmen. Er konnte ihr Parfüm riechen. Der Wissenschaftler in ihm versuchte, den Duft zu analysieren: eine Mischung zu gleichen Teilen aus Zitrusöl und einer anderen Essenz, vielleicht Jasmin.

Sie kam ihm zu nahe, und zwar aus verschiedenen Gründen.

Peter befürchtete, sie würde einen ihrer Aufsätze entdecken, dessen Redaktion er vor Monaten versprochen hatte. Dieser befand sich in dem hohen, vernachlässigten Papierstapel auf dem Schreibtisch, der auch viele seiner eigenen Arbeiten enthielt – er musste sie nur noch zusammenfügen und bei verschiedenen Zeitschriften einreichen. Aber irgendwie hatte er die Energie dafür nicht aufbringen können. Außerdem waren in dem Stapel weitere Fotos von jener Frau namens Manuela.

Peter bewegte seinen Körper ein wenig, um all dies vor Doris Blick abzuschirmen.

»Entschuldige, ich hab deinen Artikel noch nicht durchgesehen«, sagte er. Ein Präventivschlag war seiner Überzeugung nach das Beste.

»Oh, ist schon okay. Keine Sorge.« Sie lächelte freundlich. »Bist du sicher, dass du nicht mitkommen magst?«

»Das nächste Mal«, erwiderte er.

»Nun, ich will dich nicht weiter stören.« Sie machte kehrt, um sich zu entfernen, hielt dann aber inne, um ihm die Gelegenheit zu geben, seine Meinung zu ändern. »Hab ein schönes Wochenende.«

»Du auch«, sagte er, ohne aufzuschauen, und verschob Papiere auf seinem Schreibtisch.

»Dann bis Montag.«

»Bis Montag. Ganz bestimmt. Viel Spaß bei der Versammlung.«

Er drehte sich um und beobachtete mit äußerst gemischten Gefühlen, die er nicht einmal im Ansatz ordnen konnte, wie Dori sich entfernte.

Mit ihrem dichten flachsfarbenen Haar und dem schönen sanften Gesicht war sie genauso attraktiv wie jene schwedischen Filmstars, die er als junger Mann verehrt hatte. Er hatte gehofft, dass sich mit der Zeit eine Beziehung zwischen ihnen entwickeln würde, aber das war bisher nicht geschehen.

In vielerlei Hinsicht passten sie perfekt zusammen. Dori war geschieden und ohne Kinder. Ihr Leben kreiste um die Schule, wo sie ebenso wie er lange Stunden arbeitete. Und sie gehörte der gleichen Generation an – im Gegensatz zu manchen anderen Frauen, denen Peter begegnet war und die vom Motown-Stil noch nicht einmal etwas gehört hatten.

Dori lauschte seinen Ausführungen stets mit offenkundigem Interesse. Und wenn beider Hände sich berührten, sprang sogar ein Funke über. Doch er unterdrückte jede innere Regung, um sich nicht schuldig zu fühlen.

Das letzte Gespräch zwischen ihnen hatte stattgefunden, als sie ihm den Artikel übergab, den er dann auf den Stapel mit all den anderen Dingen legte, die zu erledigen waren – Manuskripte, die er veröffentlichen wollte, Fotos, die er durchsehen und rahmen oder in Alben kleben sollte. Und genau dort lag der Artikel weiterhin.

All das hatte mit der Frau auf dem Foto zu tun – mit Manuela.

2

Peter hatte Manuela getroffen, als er bei Fermilab arbeitete, einem der führenden Forschungslaboratorien der Vereinigten Staaten. Kurz nach dem Abschluss am Massachusetts Institute of Technology näherte er sich dem Höhepunkt seiner wissenschaftlichen Karriere – direkt auf dem Weg, ein Star zu werden.

Manuela war die einzige Frau in seinem Leben, die sich von ihm nicht übermäßig beeindruckt gezeigt, ihn nicht auf ein Podest gestellt hatte. Nur einmal schien sie fasziniert gewesen zu sein, nämlich als er mit ihr über die Theorie der sogenannten *Quantenverschränkung* sprach.

»Quantenverschränkung bedeutet, dass Teilchen, die sich miteinander verbunden haben, selbst dann auf einer energetischen Ebene verbunden bleiben, wenn sie körperlich voneinander getrennt sind. Und das wirklich Interessante dabei ist: Egal, ob der Abstand nur wenige Millimeter beträgt oder ob eine ganze Galaxie zwischen ihnen liegt, scheint die Verbindung ungeachtet der Entfernung nicht beeinflusst zu werden. Die Quantenverschränkung existiert in der realen Welt, aber wir können sie nicht sehen. Nichtsdestotrotz können wir sie fühlen, sobald dieses Band hergestellt ist.«

»Verschränkung, ja«, sagte sie und schlang die Arme um ihn. »Genau das ist es.« Sie presste ihn so fest an sich, dass er die Wärme ihres Körpers spüren und den Duft ihrer langen schwarzen Haare in sich aufnehmen konnte, der so süß, so aromatisch war, als wäre sie kurz zuvor in die Essenz tropischer Blüten eingetaucht. Beide lagen im Bett, wo sie während der Anfangsphase ihrer Liebesbeziehung viele Stunden verbracht hatten. Sie gab ihm das Gefühl, ein vernarrter Schuljunge zu sein, nicht ein hoch geachteter Wissenschaftler.

Sie stammte aus Guatemala; ihre Mutter, eine Haushälterin, hatte sie im Alter von 16 Jahren aus dem Dorf Santiago Atitlán herübergebracht, damit sie studierte. Manuela arbeitete sich durchs

College, während sie Böden polierte, und landete schließlich im Reinigungspersonal bei Fermilab, als Peter dort tätig war. Mit ihrem dunklen Haar und den Zügen einer Maya hob sie sich deutlich ab von den milchfarbenen Blondinen, die er in der Vergangenheit kennengelernt hatte.

Vor Beginn ihrer Beziehung hatte er Manuela des Öfteren dabei beobachtet, wie sie nahe seiner Bürotür stand und mithörte, wenn er die Fortschritte seiner Arbeit erläuterte. Bei ihrem ersten Gespräch hatte er sich in der überfüllten Cafeteria neben sie gesetzt, kurz nachdem er sie wieder einmal vor seiner Tür hatte herumlungern sehen. Sie saß allein, wirkte geheimnisvoll, unergründlich … und aß aus einem duftenden, etwas fettigen Beutel, den ihre Mutter für sie gepackt hatte.

»Mir ist aufgefallen, dass Sie bei meiner Präsentation mitgehört haben«, sagte Peter zu ihr und stürzte sich auf seinen Hamburger mit Pommes frites.

»Stimmt«, erwiderte sie. »Ihr Kurs ist sehr beliebt. Mögen Sie Enchiladas mit Käse?«

Er war verblüfft. Keine Schmeicheleien, kein Geschwätz. Stattdessen ein unmittelbares Gefühl von Vertrautheit zwischen ihnen. Das war genau Manuelas Art, wie er mit der Zeit erfahren sollte.

»Ja«, erwiderte er, und so reichte sie ihm zwei warme Enchiladas mit geschmolzenem Käse und Chili, die mit zum Besten gehörten, das er je gekostet hatte.

Danach speisten sie oft nebeneinander, manchmal fast wortlos. Aber ihre Gegenwart übte eine starke Wirkung auf ihn aus. Selbst wenn sie abwesend war, konnte er sie neben sich spüren.

Nach einiger Zeit fragte er, ob sie mit ihm ins Kino gehen oder zu Abend essen wolle. Er ahnte, dass solche Aktivitäten für sie wohl allzu gewöhnlich waren, und sollte Recht behalten.

»Nicht ins Kino, aber ich mache gern einen Spaziergang mit Ihnen oder koche für Sie, was immer Ihnen lieber ist«, sagte sie lächelnd, wobei ihre strahlend weißen Zähne zum Vorschein kamen.

Es stellte sich heraus, dass sie ihren eigenen Genius besaß. Sie erkannte Bäume an ihren Blättern und ihrer Rinde, Vögel an ihren Gesängen und Federn. Wollte man ein Sternbild oder einen Schmetterling identifizieren, brauchte man sie nur danach zu fragen. Peter war noch nie jemandem wie ihr begegnet.

Bald aßen sie fast jede Woche in Manuelas Wohnung zu Abend und unternahmen hinterher ausgedehnte Spaziergänge, von denen sie erst in der Dunkelheit zurückkehrten. Ehe er es wagte, sie zu küssen, ließ sie ihn lange Zeit nur ihre Hand halten. Schließlich erlaubte sie ihm, die Nacht in ihrem winzigen Apartment zu verbringen. Er verliebte sich in sie auf so unspektakuläre Weise, dass er es kaum bemerkte. Dennoch hatte er begonnen, sich die Zukunft mit ihr auszumalen – die Heirat und das gemeinsame Leben in einem abgelegenen Bauernhaus mit ihren hinreißend schönen Töchtern.

Der Mensch denkt, Gott lenkt. Wer immer diesen Spruch ersonnen hat, war ein Genie.

Er traf auch auf Peter zu, der so fortfuhr wie bisher und sich ständig seinen Forschungen widmete. Wie jeder andere bei Fermilab war er fest davon überzeugt, kurz vor einer großen Entdeckung zu stehen. Manchmal nahm ihn seine Arbeit derart in Anspruch, dass er vergaß, Manuela zurückzurufen.

Er würde das Versäumte nachholen, sagte er sich. Doch später konnte er sich nicht einmal daran erinnern, ob er ihr je mitgeteilt hatte, wie sehr er sie liebte.

3

In einer Nebenstraße befand sich ein weitläufiges Gebäude aus weiß gestrichenem Backstein, an dessen Seite die Zahl 100 in blauem Klebeband prangte. Dort waren während der Glanzzeit des Viertels Milchflaschen aus dickem Glas und in ungewöhnlichen Formen gefertigt worden. Nach dem Bankrott der Firma hatte es jahrzehntelang leer gestanden, bis ein örtlicher Geschäftsmann es erwarb und zu Apartments für Studenten umbaute. Nun war es in höhlenartige Wohnräume und Ateliers unterteilt – eine Zuflucht für die Bohemiens, bildenden Künstler und Musiker der Stadt.

Der hämmernde Takt der Tribal House- und Technomusik verschmolz mit dem des Regens, der auf das Dach des alten Gebäudes schlug. Wie üblich fand auch an diesem Wochenende eine wilde Party statt. Der lang gestreckte offene Raum war durch Vorhänge in Parzellen getrennt und von verschiedenen Gruppen besetzt. Die eine, bestehend aus jungen Männern, führte eine Feuer-Performance auf, wirbelte Stangen, Ketten und andere Gegenstände durch die Luft. Eine weitere Gruppe saß eng beisammen und erörterte das Weltgeschehen. Im ohrenbetäubenden Lärm waren einzelne Gesprächsfetzen zu hören.

»Einige Leute, zum Beispiel in Ägypten, die geben der guten Sache einen üblen Anstrich«, sagte ein junger Mann mit raffinierten Piercings im Gesicht.

»Ist alles nur programmiert oder ist die Energie vor Ort wirklich begründet?«, fragte sein Gegenüber.

In einem anderen Bereich, ausgestattet mit Pflanzen, Bäumen und Springbrunnen, stand Alma, eine junge Frau mit langen Zöpfen, die einem Kreis von Freunden Gedichte deklamierte und daraus eine Art Performance machte, indem sie immer wieder zu tanzen anfing. Etwas weiter weg hatten sich mehrere Halbwüchsige unter dem Baldachin eines Fallschirms versammelt, wo sie tranken, rauchten und dabei philosophisch wurden, während sie über Chakren und Entführungen durch Außerirdische diskutierten.

Auf einem abgewetzten Sofa, eingezwängt zwischen zwei Personen, hockte Jack Franklin. Langhaarig, gepierct und hager, der Oberkörper reichlich tätowiert, hörte er den anderen zu. Gewöhnlich hatte er einen offenen, versonnenen Gesichtsausdruck, aber heute wirkte er unruhig und besorgt. Als eine Wodkaflasche herumgereicht wurde, nahm er einen Schluck; alle tranken aus der gleichen Flasche und teilten einen Joint. Jack hielt ihn einen Moment zwischen den Fingern und gab ihn dann weiter. Er rieb sich die Schläfen und schloss die Augen. Es fiel ihm schwer, dem Gespräch zu folgen. Schließlich stand er auf und zog los. Als sein Freund Sam, dünn und mit rasiertem Schädel, ihn weggehen sah, brach er seine Unterhaltung ab und lief ihm hinterher.

»Was ist los, Mann? Scheinst heut Abend nicht gut drauf zu sein.«

»Stimmt, kann mich nicht konzentrieren. Mir brummt der Kopf wie wahnsinnig. Keine Ahnung, was das ist.«

Sam betrachtete ihn mit Sorge. »Den ganzen Abend bist du schon total daneben.«

»Einfach schlaff. Ich seh dich später.«

Sam, Sohn einer der gut situierten Familien in der Stadt, behauptete, ein Sozialist zu sein. Er lebte von ein paar Hundert Dollar pro Monat aus seinem Treuhandfonds und spendete den Rest irgendeiner Wohltätigkeitsorganisation, die ihn gerade innerlich bewegte.

Jack fand die Einstellung seines Freundes nobel und zugleich nervig. Da er selbst oft nicht genug besaß, um durch die Woche zu kommen, war es ihm immer wieder unerträglich, mit anzusehen, wie Sam zu entscheiden versuchte, was mit dem übrigen Geld geschehen sollte.

Die Situation hatte sich noch verschärft, seit das Gebäude ständig ausgebessert werden musste. Der Eigentümer lebte in einem anderen Bundesstaat und stellte sich taub, was die Klagen über Termiten, undichte Stellen und defekte Installationen betraf. Meistens warteten die Bewohner einfach, bis zufällig jemand vorbeikam, der die Schäden zu reparieren verstand.

»Gib mir halt was ab, Mann«, sagte Jack bei mehreren Gelegenheiten. Trotz Sams freundlicher Art hatte er den Eindruck, dass der sich letztlich nicht dazu durchringen konnte.

Im Weggehen rieb er sich die Augen, als würde dadurch sein Blick klarer. Noch immer benommen und verwirrt, lehnte er sich kurz gegen eine Wand. Erneut berührte er die Schläfen und atmete einige Male tief durch. Was war nur mit ihm los?

Alma eilte herbei und legte den Arm um ihn. »Hey, Süßer, bist du okay?«

Mit ihrem langen geflochtenen Haar und den großen Augen legte sie ein unschuldiges, fast kindliches Benehmen an den Tag, das Jack reizvoll fand. Zeitweise hatten sie in seinem kleinen Zimmer zusammengewohnt, aber momentan war jeder für sich. Alma trug einen Perlenring, den er ihr anfangs während einer euphorischen Wochenendreise entlang der Küste gekauft hatte. Das Schmuckstück zierte ihren Ringfinger, wobei sie nicht genau wusste, was es eigentlich symbolisierte. Jack hatte den Ring einfach hübsch gefunden und ihr ein Geschenk machen wollen. Er mochte Alma sehr, musste aber erst noch den Wunsch in sich entdecken, mit einer bestimmten Frau sein ganzes Leben zu verbringen. Allerdings hatte er nie den Mut gehabt, ihr das zu sagen.

Beide standen in einem engen Durchgang, ihre Finger waren mit den seinen verflochten. Er lehnte an einer Backsteinmauer, und sie küsste ihn auf die Wange.

»Was ist los? Du bist irgendwie abwesend«, flüsterte sie.

Jack vergrub das Gesicht in ihrem Haar, wich jedoch zurück, als sie seinen Hals zu küssen begann. Die Augen geschlossen, zeigte er keine Reaktion.

»Nicht in Stimmung?«

Jack schlang die Arme um ihre Hüfte. »Hat nichts mit dir zu tun.«

Alma löste sich ein wenig und inspizierte sein Gesicht. »Mit was hat's dann zu tun?«

»Ich muss jetzt einfach allein sein. Ich mach grad 'ne schwere Phase durch.«

Alma erbleichte. »*Das* hab ich vorher nie von dir gehört.«

»Ich hab mich noch nie so gefühlt«, sagte Jack. »Es geht um meinen Bruder. Ich erzähl dir irgendwann davon.«

Sie schien weiterhin den Tränen nah zu sein. Er bemerkte es und zog sie näher an sich. »Zwischen dir und mir ist alles cool. Wird schon gut gehn.«

»Bist du sicher?«

Jack gab ihr einen sanften Kuss. »Ja, absolut. Ich seh dich später.«

Er schlenderte zu seinem Zimmer und zog den Batikvorhang auseinander, der ihm als Tür diente. Innen befanden sich eine Matratze, ein Dock zur Videobearbeitung, ein Laptop und ein Kleiderhaufen. Er zog sein Hemd aus, schleuderte die Kampfstiefel weg, warf sich auf die Matratze und legte die Hand auf die Stirn.

Jack bewohnte diesen Raum seit fast zwei Jahren – seitdem er und Charlie, sein Zwillingsbruder, getrennte Wege gegangen waren. Halbtags Kunststudent, hatte er ein kurzfristiges Stipendium erhalten, das neulich abgelaufen war. Nun musste er, um über die Runden zu kommen, drei verschiedene Jobs ausüben, einer seltsamer als der andere, und sich ein Stockwerk des Gebäudes mit mehreren Freunden teilen.

Die Wände zierten Fotokopien seiner digitalen Kreationen – Rankengewächse, Tentakel und futuristische Landschaften, irgendwo angesiedelt zwischen Cyberspace und organischer Welt. Neben der Matratze waren Bücher mit Werken verschiedener Autoren, Philosophen und Theoretiker gestapelt: Albert Camus, Buckminster Fuller, Khalil Gibran, Aldous Huxley.

Er nahm das oberste zur Hand und versuchte zu lesen, konnte sich aber nicht darauf konzentrieren. Schließlich legte er das Buch zur Seite und schaltete das Licht aus.

Die Decke war mit fluoreszierenden Aufklebern dekoriert, die Hunderte von Sternen, Planeten und Monden darstellten. Schwer atmend starrte Jack auf den Nachthimmel über ihm. Etwas lief total verkehrt. Seine Brust fühlte sich wie eingeschnürt an, so als würde ein schwerer

Gegenstand darauf lasten. Nach einer Weile erschien ihm hinter seinen geschlossenen Augenlidern eine traumartige Vision, eine Reihe unzusammenhängender Szenen, die allesamt in der Wüste spielten.

Er sah Hände auf dem Steuerrad eines Humvee, eine aufblitzende Khakiuniform, hörte das Geräusch eines Motors und eines knarzenden Getriebes. Sonnenbrillengläser spiegelten die weiß glühende Sonne und weit ausgedehnte Wüste wider. Plötzlich tauchte das verschwitzte Gesicht seines Zwillingsbruders Charlie auf, der zu einer Hügelkuppe links vom Humvee hochschaute, wo eine seltsame Kreatur stand. Ein Kojote oder ein Wolf? Dann ein männlicher Schrei, gleißendes Licht und schrilles Klingeln in seinen Ohren.

Schweißgebadet fuhr Jack hoch.

»Charlie!«, rief er, als gleichzeitig das Gesicht des Kojoten am Fußende seiner Matratze sichtbar wurde, begleitet von lautem Knurren. Jack keuchte, ließ seinen verstörten Blick durch den Raum schweifen.

»O Gott – o Gott!«

Er erhob sich und wühlte verzweifelt in den Kleidungsstücken am Boden, bis er sein Mobiltelefon fand. Er klappte es auf, drückte ein paar Tasten und kam dann langsam wieder zu Sinnen. Charlie war in Afghanistan und auf dem Handy nicht zu erreichen.

Jack ging hinüber zu seinem Schreibtisch. Der Bildschirm des Laptops leuchtete auf und reflektierte seine angsterfüllte Miene. Als er den Browser öffnete, erschien die Nachricht: *Keine Verbindung verfügbar.* Er versuchte, sich bei Skype einzuloggen, erhielt aber die gleiche Nachricht.

Er blickte aus dem Fenster: Ein Blitzstrahl durchzuckte den Himmel, gefolgt von tiefem Donnergrollen.

»Mach schon, mach schon.«

Er bückte sich und überprüfte das Internetkabel. Es war eingesteckt. Erneut stierte er auf den Bildschirm: immer noch keine Verbindung. Er hämmerte auf die Tastatur.

Er folgte dem Internetkabel von seinem Zimmer über den Flur bis zu einem hohen Sims, wo es endete. Beim Hinaufklettern stellte Jack fest, dass das Modem rot blinkte.

»Verdammt!«

Mit nacktem Oberkörper kehrte er in den großen offenen Raum zurück, wo Alma mit einigen ihrer Freundinnen auf dem Boden saß.

»Wie lang ist das Internet schon unterbrochen?«, fragte er sie.

»Hallo, Süßer! Wie fühlst du dich?«

»Warum funktioniert das Internet nicht?«

»Keine Ahnung. Was ist los?«

Er raste an ihr vorbei in eine Nische, wo Sam in seine Lektüre vertieft war.

Sam schaute auf und fixierte den Freund. »Mann, wo brennt's denn?«

»Ich muss mit meinem Bruder sprechen, aber das Internet funktioniert nicht.«

»Kannst du ihn nicht anrufen?«

Jack warf ihm einen vernichtenden Blick zu. »Er ist im Einsatz – in Afghanistan. Wie oft hab ich dir das schon gesagt?«

Sam errötete. »Entschuldige, das hab ich vergessen. Aber zu meiner Verteidigung kann ich vorbringen, dass du eigentlich kaum darüber redest.«

»Egal«, erwiderte Jack verärgert. »Weißt du, warum die Internetverbindung unterbrochen ist?«

Sam zuckte die Achseln und stand auf. »Vielleicht hat Martin die Rechnung nicht rechtzeitig bezahlt. Das klären wir morgen früh, falls du dich ein bisschen abregen kannst.«

»Ich kann mich nicht abregen«, rief Jack. »Kapierst du's nicht?«

Sam zuckte wieder die Achseln. »Ist nicht weiter wichtig.«

Jack drückte ihn gegen die Wand. »Sag bloß nicht, dass es nicht weiter wichtig ist. Es geht hier um meinen *Bruder*. Und morgen früh ist es zu spät – ich muss *jetzt* mit ihm sprechen.«

»Sei's drum, Mann. Lass mich in Ruhe!«

Jack ließ ihn los und stapfte in sein Zimmer zurück. Nach den Schlüsseln suchend, streifte er sich ein Hemd über. Dann stopfte er den Laptop in eine Bodybag und ging in die regnerische Nacht hinaus.

Sein Camaro war wahllos auf dem Bürgersteig geparkt und nicht abgeschlossen. Er sprang hinein, schaltete die Scheinwerfer an und fuhr mit quietschenden Reifen davon.

* * *

Oder vielmehr *versuchte* er, mit quietschenden Reifen davonzufahren. Denn sogleich geriet Jack in einen Stau, der sich über mehrere Kilometer zu erstrecken schien.

Er stellte das Radio an und hörte, dass auf der nächsten Überführung ein Sattelschlepper feststeckte und so lange dort bleiben werde, bis man ihn mit Spezialausrüstung entfernen konnte. Derlei passierte alle paar Monate, und es gab keine andere Möglichkeit, als den Motor auszuschalten und die Sache auszusitzen. Das würde mindestens eine halbe Stunde dauern.

Dieser wahnsinnige Verkehr in Kalifornien, dachte Jack, als er das Fenster öffnete und sich die Augen rieb. Er erinnerte sich an keinen anderen Verkehr. Oder doch?

Er schloss die Augen und war wieder in Ohio. Sechs Jahre alt, saßen er und Charlie im Haus ihrer Großmutter mütterlicherseits namens Nelly, die neben ihnen auf dem Boden des Wohnzimmers mit Legos spielte. Es war ein Sommerabend, trocken und windstill; auf dem Teppich mit Blumenmuster stand ein Ventilator, der träge Luftschwaden verströmte.

Jack und Charlie kamen in einer heißen Sommernacht Ende Juli zur Welt, Jack einige Minuten vor seinem Bruder. Ihre Mutter hatte so lange einen riesengroßen Bauch gehabt, dass die Leute schon dachten, sie würde Drillinge bekommen. Aber es waren nur sie beide, die, jeweils sieben Pfund wiegend, ihr eine schwere, langwierige Geburt bescherten.

Beide wurden ständig verwechselt, was sie manchmal verärgerte, manchmal amüsierte. Wie in den einschlägigen Filmen legten sie ihre Lehrer und Freundinnen herein, die den einen für den andern hielten. Sogar Nelly musste die Zwillingsbrüder lange und eingehend betrachten, um einen Unterschied festzustellen, besonders wenn sie aus der Dusche kamen oder vom Schwimmen zurückkehrten und sich äußerst ähnlich sahen.

Beide erhielten fast die gleichen Noten, selbst wenn sie von verschiedenen Lehrern unterrichtet wurden. Bei der Kleidung wählten sie die gleiche Farbe und den gleichen Stil aus unterschiedlichen Katalogen, wenn ihre Mutter sie fragte, was sie sich zu Weihnachten wünschten. Sie fühlten sich zu der gleichen Art von Freunden hingezogen – zu solchen nämlich, die loyal und klug waren – und liebten gleichermaßen pikante mexikanische Speisen, die in ihrer Gegend von Ohio allerdings schwer aufzutreiben waren.

Die Liste der Dinge, die sie miteinander gemein hatten, war endlos, äußerst vielfältig und tiefgründig. Beide fanden es beruhigend, sich extrem nah zu sein, als verfügten sie immerzu über ein wahres zweites Ich, das als Spiegel fungierte. Wer sonst hatte das?

Sie waren die einzigen Kinder von Eltern, die einstmals als das erfolgreichste und schönste Paar im ganzen Umkreis galten. Die Mutter war eine ebenso starke wie reizbare und scharfsinnige

Professorin; der Vater ein stattlicher, flachshaariger Bassist und ewiger Hippie. Es hieß – besonders seitens der Großmutter –, dass die Söhne von beiden Elternteilen die besten Eigenschaften geerbt und die Geisteskraft und Durchsetzungsfähigkeit der Mutter mit dem guten Aussehen und ungezwungenen Charme des Vaters vereint hätten.

Sie wurden in den späten Achtzigerjahren in eine Familie geboren, die sonst kinderlos geblieben wäre, und empfingen daher doppelt so viel Liebe. Aber diese Hingabe reichte nicht aus, um die Eltern lange zusammenzuhalten. Die Mutter war nach Auffassung des Vaters zu kühl und reserviert, während er in ihren Augen zu unreif und zu wankelmütig war.

Die konstante Größe im Leben der Jungen war die Großmutter. Nelly hütete sie oft und brachte ihnen bei, Karten zu spielen, die ländliche Küche zu schätzen und die Lektionen in der Sonntagsschule über sich ergehen zu lassen, selbst wenn sie nicht verstanden, worum es eigentlich ging. Seit vielen Jahren Witwe, war sie ständig außer sich vor Freude, beide so nah bei sich zu haben – bis zu jenem Nachmittag, als ihre Tochter erklärte, sie würden wegziehen.

»Elaine, du hast doch nicht wirklich vor, die beiden Jungs den ganzen weiten Weg bis nach Kalifornien mitzunehmen?«, fragte Nelly, als sie alle zusammen im Wohnzimmer saßen. Sie trug noch immer das Hauskleid und die Gesundheitsschuhe, die sie in ihrem Beruf als Sekretärin der Kirche bis zu ihrer Pensionierung getragen hatte.

Elaine wandte sich ihr mit jenem Blick zu, den die Söhne gut kannten.

»In Kalifornien hab ich einen Job gefunden, Mutter. Was soll ich sonst mit ihnen machen? Es ist das beste Lehrangebot, das ich weit und breit bekommen habe.«

»Dieses Land ist riesengroß, und du sagst mir, dass du nur zweieinhalbtausend Kilometer entfernt einen Arbeitsplatz finden kannst?«

»Ja, genau das sage ich.«

Nelly rümpfte ungläubig die Nase. »Und was sagt Tom dazu?«

»Tom braucht mich für seine Arbeit – er sagt überhaupt nichts. Es sieht nicht so aus, als würde er überhaupt irgendwas verdienen.«

Ihre Mutter schüttelte den Kopf. »Das bringt nichts, sag ich dir. Kalifornien ist nicht der Ort, wo diese Kinder aufwachsen sollten.«

»Und warum nicht? Dort ist es warm und schön!«

Bevor Nelly etwas erwidern konnte, läutete das Telefon, und Elaine stand auf, um den Anruf entgegenzunehmen. Als ihre Mutter das Zimmer verlassen hatte, schauten die Brüder sich an, als würden sie schweigsam miteinander kommunizieren.

Nelly lehnte sich nach vorn. »Hört mir zu, Jungs. Zwei Dinge dürft ihr nie vergessen. Falls ihr je ein Problem habt oder irgendetwas braucht, dann ruft mich an, R-Gespräch, das ich zahle. Egal zu welcher Uhrzeit.«

»Was meinst du mit *Problem*?«, fragte Jack.

»Ihr habt nie im fernen Westen gewohnt; dort ist alles anders. Die Leute machen, was sie wollen. Alles ist möglich. Es ist nicht wie in Ohio.«

Die Brüder nahmen diese Botschaft wortlos auf.

»Und noch etwas dürft ihr nicht vergessen: Bildung. Die wird euch retten. Sorgt dafür, dass ihr ständig dazulernt und aufs College geht. Wenn ich nicht mehr da bin, wird Geld für euch vorhanden sein.«

»Du redest so, als würden wir dich nie mehr wiedersehen«, sagte Charlie.

»Nun, man kann nie wissen. Jedenfalls werdet ihr nicht mehr in meiner Nähe sein, und Briefe und Anrufe ersetzen nicht den unmittelbaren Kontakt.«

Ihr Vater betrat den Raum, und sofort wurden alle still. Mit seinem langen flachsfarbenen Haar, der lakonischen, lockeren Art und den Jeans wirkte er kaum väterlich. Er war einfach der Musiker, der er zu sein beanspruchte.

»Um was geht's?«, fragte er.

»Wir haben über Kalifornien gesprochen«, erwiderte Nelly.

Tom verdrehte die Augen. »Ich freu mich nicht auf diesen Umzug. Bin nicht mal sicher, ob ich's zeitlich schaffe. Die Band spielt für 'nen Auftritt vor …«

Elaine kam wieder herein und blieb stehen, die Hände in die Hüften gestemmt. »Was erzählst du da? Mir gegenüber hast du das mit keinem Wort erwähnt.«

»Hat sich halt so ergeben.« Er zündete sich eine Zigarette an. »Der Veranstalter rief an, wir sollen ein paar Konzerte außerhalb von Pittsburgh spielen. Seit Jahren versuchen wir, dort mitzumachen, und endlich kriegen wir jetzt 'ne Chance. In meinem Beruf wird man nicht über Nacht berühmt.«

Sie war verärgert.

Tom fuhr fort: »Was denn? Du sagst doch dauernd, dass ich nie was zustandebringen werde, oder?«

Elaine hob abwehrend die Hände. »*Ich* hab gar nichts gesagt.«

Den Eltern lauschend, nahmen die Brüder ihre Lego-Konstruktion auseinander. Sie hatten eine Festung mit verstärkter Mauer und einigen stabilen Gebäuden im Innern gebaut. Nun zerlegten sie systematisch alles. Jack wusste nicht, wie er gleichzeitig beide Elternteile bemitleiden sollte, tat es aber in der festen Überzeugung, dass Charlie genauso empfand wie er. Fast immer glichen sich ihre Gefühle. Schließlich waren sie eineiige Zwillinge, hervorgegangen aus *einer* befruchteten, dann zweigeteilten Eizelle – einander so nah, wie es Menschen überhaupt möglich ist.

Tom rauchte die Zigarette zu Ende, verließ das Zimmer, schlug die Haustür hinter sich zu, stieg in seinen Wagen und brauste davon.

Die Jungs sammelten die Legosteine in einem großen Haufen zusammen.

Schließlich erklärte Jack: »Papa macht den Umzug nicht mit.«

»Ich weiß«, bekräftigte Charlie.

Nelly musterte sie. »Vergesst nicht, was ich euch gesagt habe.«

Sie taten die Legos in die Schachtel, standen dann auf und betrachteten ihre Großmutter, die weiterhin majestätisch in ihrem Lehnstuhl saß.

»Kommt her«, sagte sie. Die beiden rückten näher und schlangen vier Arme um sie.

Jack murmelte in ihr seidenes Oberteil: »Wir werden's nicht vergessen«, wobei er, wie so oft, für sich *und* seinen Bruder sprach.

* * *

Tatsächlich gehörte der Straßenverkehr in San Francisco zu den wenigen Dingen, vor denen die Großmutter *nicht* gewarnt hatte, als sie vor Jahren hier eintrafen. Nelly, die beide praktisch großgezogen hatte, während ihre Mutter Unterricht erteilte und ihr Vater auf Tour ging, litt weiterhin unter dem Schock, dass die Jungs ihr und dem geregelten Leben im Nordwesten Ohios entrissen worden waren.

Der Umzug kündigte das Ende der Ehe der Eltern an, genauso wie es die Brüder vorausgesagt hatten; aber solange sie beide unzertrennlich waren, schien ihr Überleben gesichert.

Jack starrte auf die Scheibenwischer, gegen die der Regen schlug. Er schaute auf die Uhr. Schon seit über einer Viertelstunde stand er im Stau. Er stellte das Radio wieder an und ließ fünf Minuten lang Sportergebnisse, Wetterbericht und Verkehrsmeldungen über sich ergehen. Den Schätzungen zufolge würde sich die Weiterfahrt noch einmal um zehn Minuten verzögern. *Mist.* Er steckte fest. Jack schaltete das Radio aus und betrachtete sein Gesicht im Rückspiegel. Die fahle Beleuchtung und seine Gemütsverfassung verliehen ihm das Aussehen eines alten Mannes. Ja, er glich seinem Vater.

Als er sich zurücklehnte, kam ihm eine weitere Szene in den Sinn. Es war der schicksalhafte Tag nach dem Begräbnis ihrer Großmutter.

Zu diesem Zeitpunkt hatten er und Charlie, beide über eins achtzig groß, gerade die Highschool verlassen. Sie trugen Anzüge, aus denen sie herausgewachsen waren, und dunkle Brillen. Dennoch sahen sie nicht mehr völlig identisch aus. Seit dem Schulabschluss begannen sie sich geringfügig voneinander zu unterscheiden.

Charlie hatte nun einen kürzeren Haarschnitt, wählte eine popperhafte Kleidung, bevorzugte mit Perlen besetzte Halsketten und ließ sich tätowieren. Jack erhielt ein Stipendium, mit dem er mehrere Semester an einer Kunstakademie finanzieren konnte, während Charlie sich Zeit nahm für den Entschluss, wann und wo er studieren würde. Sie teilten zwar die gleichen politischen Auffassungen und hatten im Wesentlichen den gleichen Geschmack, doch Jack war mit fortschrittlich und künstlerisch gesinnten Studenten zusammen, Charlie hingegen mit den Leuten in seiner Turnhalle.

Der Verlust der Großmutter hatte beide fassungslos und traurig gemacht. Innerhalb von zwei Tagen waren sie nach Ohio und wieder zurück gereist – zusammen mit ihrer mürrischen, schweigsamen Mutter, die ihnen bei dieser Gelegenheit mitteilte, dass der Vater im Laufe der Jahre ihre Treuhandfonds für das Studium geleert hatte.

»Warum hat ihn keiner daran gehindert?«

»Niemand bekam mit, was er tat. Ich habe mich um dieses Geld nie gekümmert. Leider hatten wir alle Zugang zum Konto.«

Unmittelbar nach Nellys Tod konnten beide Brüder diese Nachricht nur schwer verarbeiten.

Nichts wie zurück nach Kalifornien, dachten beide im Flugzeug, schlaff in die engen Sitze der Economy-Class gelümmelt. Ihre Mienen waren ein Musterbeispiel für doppelte Melancholie.

»Ich kann mich nicht erinnern, jemals in derart mieser Stimmung gewesen zu sein«, sagte Jack. »Wir haben nicht nur Großmutter verloren, sondern auch das ganze Geld.«

»Wir werden eine richtige Anstellung finden müssen«, fügte Charlie hinzu.

Beide hatten bisher nur Aushilfsjobs ausgeübt – Charlie beim Bau und Jack im Supermarkt, wo er Regale auffüllte.

»Bis wir unsere Schulden abbezahlt haben, sind wir alt und grau. Hast du 'ne Ahnung, wie teuer das Studium heute ist? Nach Ablauf des Stipendiums wird die Kunstakademie zwanzig Riesen pro Jahr kosten. Und mein Freund zahlt 40 000 pro Jahr für die staatliche Hochschule.«

»Wir werden es irgendwie schaffen. Wir müssen uns nur einen Plan ausdenken.«

»Gib mir Bescheid, sobald du dir was überlegt hast.«

»Ich hab schon ’ne Idee.«

* * *

Zwei Tage später, als Jack nach unten ging und sah, dass Charlie einen Anwerber der Armee zum Gespräch eingeladen hatte, fiel er aus allen Wolken. Verdutzt betrachtete er die Uniform des Mannes.

»Wer sind *Sie* denn?«

»Er ist ein Marine«, sagte Charlie. »Sein Name ist William.« Er wandte sich ihm zu. »Das ist mein Bruder.«

»Ein *Marine*?« Jack musterte William von oben bis unten, als wollte er ihn für einen Zweikampf taxieren. Der andere war wohl Ende dreißig, mit Meckifrisur, kerzengerader Haltung und glattem Gesicht. Er sah wie ein ehemaliger Footballspieler aus.

»Sehr erfreut«, sagte William in lockerem Ton, reichte ihm die Hand und steckte sie schnell in die Jackentasche, als Jack sich nicht rührte.

»Sag mir bloß nicht, dass du in die Armee eintreten willst«, sagte Jack. »Meinst du das etwa *ernst*?«

»Ja, er meint es ernst«, gab William zurück, als wäre *er* Charlies Zwillingsbruder und in dessen tiefste Gedanken eingeweiht.

»Mann, du musst verrückt sein.«

William blinzelte Charlie zu, was Jack nur noch wütender machte.

»Jack, es ist nicht die schlechteste Sache der Welt.«

»Ah ja?« Jack ignorierte den Marine und sprach weiter zu seinem Bruder. »Sicher hat er dir alle möglichen großartigen Geschichten über das Abenteuer und die tolle Bezahlung erzählt, aber wart nur mal ab, bis du mitten in einer glühenden Wüste stehst und Raketen auf Zivilisten abfeuerst.«

William lächelte, als hätte er solche Darstellungen schon vorher gehört, und sagte: »Die Marines sind bestens trainiert, ausgerüstet und organisiert, um global ständig eingesetzt zu werden. Wir bieten besondere finanzielle Vorteile, durchaus vergleichbar mit jenen in den 500 umsatzstärksten Unternehmen der Welt, und das im gegenwärtigen wirtschaftlichen Klima.«

»Klingt genauso wie der Text in einer Werbebroschüre«, konterte Jack.

»Hör zu«, sagte Charlie zu seinem Bruder, »ich hab eine ganze Weile darüber nachgedacht. Wenn ich zum Militär geh, kann ich damit mein ganzes Studium finanzieren und brauch kein Darlehen. Und da sich die Lage im Irak allmählich beruhigt, werde ich wohl sowieso in den Staaten bleiben.«

Jack schnaubte. »Aber gewiss. Das reiben sie dir unter die Nase. Aber was, wenn sie deinen Hintern direkt hinüber nach Afghanistan schicken? Du verabscheust diese Kriege. Du bist nicht dafür gemacht, ins Gefecht zu ziehen und Menschen zu töten.«

Charlie wandte den Blick von ihm ab. »Sprich für dich selbst, Jack. Ich weiß, was ich kann.«

Jack betrachtete den Anwerber, der eine blasierte Sicherheit ausstrahlte. Wahrscheinlich hatte Charlie bereits irgendeinen Vertrag unterschrieben. Brauchten die nicht dringend kluge Soldaten? Und Charlie wäre unter den klügsten und tüchtigsten.

Als er wieder seinen Bruder fixierte, überkam ihn plötzlich ein Gefühl von Besitzanspruch. Wie konnte dieser Fremde es wagen, ihm Charlie wegzunehmen?

»Hast du vielleicht gedacht, ich würde ebenfalls unterschreiben? Hast du ihn deshalb hierhergebracht?«

Charlie lächelte. »Das hab ich nicht gedacht. Aber William findet, da wir Zwillingsbrüder sind, wär's doch cool, wenn wir zusammen in die Armee eintreten würden.«

»Ja, total cool … dann können die uns in der gleichen Kiste nach Hause transportieren.« Jack fuhr sich mit beiden Händen durch die Haare. Die ganze Szene erschien ihm absurd. »Hast du's Mama schon mitgeteilt?«

»Ja. Sie ist ausgeflippt, wie du dir vorstellen kannst. Sagte, sie könnt's nicht ertragen, mich zu verlieren. Wir beide seien doch alles, was sie hat, und so weiter. Ich hab sie getröstet, schließlich bin *ich* derjenige, der fortgeht.«

»Kannst du dir diese Sache nicht noch mal in Ruhe überlegen? Ich meine, es ist *dein Leben*, über das wir hier reden.« Doch selbst bei diesen Worten dämmerte Jack, dass es zu spät war. Was immer dieser Anwerber seinem Bruder versprochen hatte – es musste äußerst verlockend gewesen sein. Charlie war verloren.

Jack sagte zu dem Marine: »Kann ich mit meinem Bruder ein paar Minuten unter vier Augen sprechen?«

William ging den Flur hinunter und holte sein Handy hervor.

»Du bist zu clever, Bruderherz, um das zu tun.«

»Jack, ich werd bestimmt nicht mein Leben lang ein 100 000-Dollar-Darlehen fürs College abstottern.«

»Dazu hab ich auch keine Lust.«

»Dir bleibt keine andere *Wahl*, sonst wirst du nach dem Abschluss an der Kunstakademie bis zum Hals in Schulden stecken. Du hast mir gesagt, dass die Studiengebühr zwanzig Riesen pro Jahr beträgt. Wo willst du je so viel Kohle herkriegen?«

»Wir lernen ein Handwerk. Erinnerst du dich, wie Oma uns mehrfach gesagt hat, dass die Arbeit eines Elektrikers oder Klempners durchaus ehrenwert sei? Und die Bezahlung ist gut.«

Charlie betrachtete das lange Haar seines Bruders, das gepiercte Ohr und die raffinierten Tätowierungen auf den Armen. »Ich kann mir einfach nicht vorstellen, dass du so was machst. Dazu braucht es 'ne lange Lehre; außerdem musst du 'ner Gewerkschaft beitreten. Das ist alles harte Arbeit.«

»Wie, willst du etwa behaupten, dass ich faul bin?«

»Nein, aber du bist künstlerisch veranlagt und warst immer schon kreativer als ich. Dafür bist du eher geeignet … dass du was mit Video oder Computer machst.«

»Aber auch du hast solche Dinge immer gemocht.«

»Nicht so sehr wie du. Es *gibt* Unterschiede zwischen uns.«

Jack wandte sich ab. Er ertrug es nicht, von seinem Bruder daran erinnert zu werden.

Es war das letzte Mal, dass Jack ihm gegenübergestanden hatte – in jener »Vorzeit«, wie er sie nannte, die vor dem Krieg lag. Charlie war noch in der gleichen Woche zu einem Stützpunkt und Ausbildungslager in San Diego beordert worden.

Jack informierte sich über das Trainingsprogramm: Innerhalb von 21 Tagen würde Charlie fähig sein müssen, 3 Klimmzüge und 40 Rumpfbeugen in 2 Minuten auszuführen sowie eine Strecke über 5000 Meter in 28 Minuten zurückzulegen. Das erschien zumindest ihm unmöglich, doch Charlie änderte seine Meinung nicht, so wie Jack es insgeheim erhofft und erbeten hatte.

»Du hast dich noch nicht mal von mir verabschiedet«, sagte er, als Charlie ihn endlich von San Diego aus anrief.

»Sie haben mir nicht viel Zeit gegeben, die Abreise vorzubereiten. Ich hab angerufen, aber du warst nicht da.«

Und du hast keine Nachricht hinterlassen?, dachte Jack, ohne es auszusprechen.

Eine neue Zeit war angebrochen, die mit früheren Zeiten nichts mehr zu tun hatte. Er würde keinen Zugang zu seinem Zwillingsbruder haben; dieser direkte Kontakt war ihm bisher stets vertraut und selbstverständlich erschienen.

Hinterher überprüfte Jack die empfangenen Anrufe auf seinem Display und sah, dass Charlie sich tatsächlich gemeldet hatte, nicht einmal, sondern neunmal – an einem Tag allerdings, als sein Handy mit leerer Batterie in der Jackentasche lag. Das hob seine Stimmung etwas. Sonst wäre Charlie einfach verschwunden gewesen, wie vom Erdboden verschluckt und so weit weg wie noch nie.

* * *

Nach der Grundausbildung kam Charlie für einen kurzen Besuch nach Hause, der allerdings eher ärgerlich war, denn mit seinem rasierten Schädel und dem kühlen Blick, der aus stählernen Augen zu kommen schien, ähnelte er einem Roboter. Kurz danach erhielt er den Einsatzbefehl für Afghanistan, genau so, wie Jack es befürchtet hatte.

Diesmal achtete Charlie darauf, vor der erneuten Abreise mit seinem Bruder zu sprechen.

»Ich hab's dir gesagt, Mann – ich wusste, wohin sie dich schicken würden«, sagte Jack.

Charlie schwieg eine Weile und erklärte dann: »Ich hab's mir auch schon gedacht.«

»Ach ja?«

»Ich wollte keinen Schreibtischjob in den Staaten. Wenn ich das schon mache, dann gleich richtig.«

Jack war immer noch verblüfft, dass sein Bruder freiwillig von zu Hause wegging, um Soldat zu werden, denn dies stand seiner Meinung nach im völligen Widerspruch zu ihren Grundüberzeugungen.

Da Charlie in weiter Ferne stationiert sein würde, studierte Jack mögliche Einsatzgebiete in Afghanistan. Das Internet genügte ihm dafür nicht. Er fuhr Richtung Innenstadt, zu der alten Bibliothek im Backsteingebäude, und zog dort

Bände mit Landkarten von den Regalen, die er vor sich ausbreitete. Sein Bruder wäre also in Asien, noch jenseits von Afrika und dem Roten Meer, das Jack vage von der Bibel her kannte. Mit erhobener Stimme las er die exotischen Namen vor: Persischer Golf, Wendekreis des Krebses, Turkmenistan ... Auf der Landkarte sah die rosafarbene Islamische Republik Afghanistan unwirklich aus, wie der Teil eines Puzzles. Er erfuhr, dass sich die Bevölkerung überwiegend aus Paschtunen zusammensetzt; dass das jährliche Durchschnittseinkommen bei etwa 1000 Dollar liegt; dass Kabul, die Hauptstadt, zugleich die größte Stadt des Landes ist; und dass ständig damit gedroht wird, amerikanische Staatsbürger zu ermorden. Er konnte sich das Risiko für die Marines lebhaft vorstellen. Die Zeitverschiebung zwischen Kabul und San Francisco betrug zwölfeinhalb Stunden. Sein Bruder hätte genauso gut auf dem Mond sein können; das wäre Jack sogar lieber gewesen.

Nach Hause zurückgekehrt, fand er eine Broschüre, die William, der Anwerber, zurückgelassen hatte. Einige Stellen im Text waren unterstrichen und mit Anmerkungen von Charlies Hand versehen. Er las den ersten Abschnitt:

Der Nahe Osten ist das wichtigste Gebiet im Krieg gegen den Terror, und die Marines unterstützen diese Bemühung mit einer Reihe von Operationen. Diejenigen, die in der Region zum Einsatz kommen, leisten Sicherheitsdienste oder beteiligen sich an Kampfhandlungen, sind aber auch als Ausbilder, Lehrer, Beschützer und Ratgeber tätig. In Afghanistan sind die Truppen mit der Aufgabe betraut, die Nationalarmee des Landes auszubilden und zu betreuen. Darüber hinaus können sie in den Kampf gegen aufständische Kräfte eingreifen.

Charlie hatte die Wörter *Ausbilder, Lehrer, Beschützer* und *Ratgeber* unterstrichen. *Das bin ich*, schrieb er. Jack hingegen konzentrierte sich vor allem auf das Wort *Kampf*.

Jeden Morgen ging er in der Zeitung die Liste der Opfer durch, wobei ihm das Herz bis zum Hals schlug. Doch selbst als er hinterher erleichteit aufatmete, war ihm deutlich bewusst, dass jeder Name auf dieser Liste irgendwo jemandem das Herz brach und den Verlust eines wertvollen Menschen – Vater oder Tochter, Sohn oder Ehefrau – bedeutete, der nie ersetzt werden konnte.

4

An einem extrem heißen Samstagnachmittag gegen 17 Uhr, als ihm die Sonne immer noch wie eine weiß glühende Hand auf den Rücken schlug, versah Charlie seinen Wachdienst. Er umfasste ein schweres, futuristisches Gewehr, dessen ferngesteuerte »intelligente« Kugeln im Kontakt mit Zielen explodierten, die weit außerhalb der üblichen Reichweite lagen. Die Armee besaß nicht genügend solche Waffen, und jeder Soldat wollte eine haben, doch Charlie fürchtete sich ein wenig davor, sie zu benutzen, aus Angst, der Schuss könnte nach hinten losgehen. Er rauchte eine Zigarette – diese Gewohnheit hatte er sich während seines Einsatzes zu eigen gemacht.

Nach der Grundausbildung hatte man seine Einheit in die Provinz Wardak nahe Kabul beordert, die zu den gefährlichsten Regionen des Landes zählte. Gerüchten zufolge wurden die meisten Neuankömmlinge dorthin geschickt, nachdem die Gegend ihren Tribut von erfahreneren Soldaten gefordert hatte. In letzter Zeit waren vermehrt Konvois aus dem Hinterhalt überfallen und Regierungsbeamte ermordet worden.

Charlie hatte den Abzug einer erschöpften Truppe beobachtet, als die seine ins Lager einzog. Nie zuvor waren ihm derart fahle Gesichter junger Männer begegnet. Auf der sonnenverbrannten Haut glänzten ihre Bartstoppeln wie Salzkörner, und ihre Augen lagen in tiefen Höhlen.

»So werden wir auch bald aussehen«, sagte sein neuer Freund Ernesto, der neben ihm rauchte.

»Wenn wir auch so aussehen, haben wir Glück gehabt.«

»Wie meinst du das?«

Die Antwort war so eindeutig, dass Charlie sich nicht die Mühe gab, sie auszusprechen.

Ernesto war die Art von Freund, die er zu Hause in den Staaten wahrscheinlich nicht gehabt hätte. Hispanischer Abstammung, überzeugter Katholik und mit fünfundzwanzig Jahren bereits Vater von zwei Kindern, arbeitete er in einer Hühnerfabrik im südlichen Missouri und war die wichtigste Person in Charlies jetzigem Leben. Ernesto kannte sich aus und behielt ihn daher im Auge, während sie zusammen das bergige Gelände hochstiegen. Charlie hatte von seinem neuen Freund sogar ein Medaillon mit dem heiligen Christophorus bekommen. Er wusste zwar nicht genau, was es bedeutete, war jedoch dankbar dafür und trug es immer bei sich. Abends, bei Wachdiensten wie diesem, sprach Ernesto von seiner Familie, insbesondere seiner Frau.

»Weiß nicht, ob sie auf mich wartet, wenn ich viel länger weg bin als geplant«, sagte er zu Charlie, den diese Mitteilung schockierte, obwohl er es zu verbergen suchte.

»Aber warum sollte sie das nicht tun? Und was ist mit den Kindern?«

»Sie ist heiß, Mann. Du hast ihr Foto gesehn. Sie könnte 'nen andern finden, der nach den Kindern schaut. Wahrscheinlich glaubt sie, dass ich's nicht schaffe, lebend nach Hause zurückzukommen.«

Charlie ließ sich diese Worte durch den Kopf gehen, während Ernesto ihn gründlich betrachtete.

»Und du? Hast du kein Mädchen?«

»Doch, sie heißt Hanna. Keine Ahnung, welche Gefühle sie mir momentan entgegenbringt. Wir hatten 'nen heftigen Krach wegen meinem Eintritt in die Armee.«

»Sie wollte nicht, dass du weggehst?«

»Nee. Eigentlich hat sie die Papiere entdeckt, bevor ich's ihr sagte, und das als Verrat oder so was Ähnliches aufgefasst.«

Ernesto schüttelte den Kopf.

»Meine Mutter war auch nicht besser«, fuhr Charlie fort. »Sie lehrt Geschichte, also musste ich mir ihre Ausführungen über die Verwicklungen der USA im Nahen Osten und das korrupte Militär anhören, dass der Krieg eine Perversion und ich eindeutig ein Gimpel sei und so weiter.«

»Und dein Vater?«

»Erinnere mich nicht an ihn. Er verplemperte das ganze Geld, das meine Großmutter für mich und meinen Bruder beiseitegelegt hatte, damit wir studieren können. Und dann besaß er auch noch die Frechheit, sich über meine Anwerbung aufzuregen. Niemand in unserer Familie hat je beim Militär gedient, außer einem Onkel, der im Zweiten Weltkrieg nach Italien ging. Keiner konnte glauben, dass ich aus freien Stücken tatsächlich einrücken würde.«

Ernesto schüttelte wieder den Kopf. »Mann, das ist vielleicht ein Schlamassel! Für meine Familie ist der Militärdienst 'ne Ehre. Die waren alle begeistert. Auch ich bin der Erste, aber nur deshalb, weil ich zur ersten Generation gehöre, die die amerikanische Staatsbürgerschaft erhalten hat.«

Ernesto zündete sich eine zweite Zigarette an. Charlie blickte zum Horizont – Gebirgslandschaft, so weit das Auge reichte.

»Mein Bruder war der Schlimmste«, sagte er mit sanfter Stimme.

»Echt?«

Charlie nickte. »Mir ist bisher nie klar gewesen, dass sich so viele Leute für meine Zukunft interessieren.«

»Na so was«, sagte Ernesto lachend und inhalierte Rauch, den er durch die Nase wieder ausströmen ließ.

Nun dachte Charlie intensiv an Jack, was er auch sonst mehrmals täglich tat. Er schaute auf seine Uhr und rechnete die Stunde in kalifornische Zeit um, die er noch immer für die »richtige« Zeit hielt, so absurd dies auch war.

Wo war Jack, was tat er gerade? Es nicht zu wissen schmerzte ihn. Zu Hause war es weit nach Mitternacht, und das hieß, dass er wohl irgendwo eine Party feierte. Charlie hatte den Eindruck, dass sein Bruder mehr trank und öfter Drogen nahm als gewöhnlich. Wenn er jetzt nach 21 Uhr mit ihm telefonierte, redete Jack undeutlich und reagierte übertrieben. Charlie kam nicht umhin, sich seinetwegen Sorgen zu machen.

Letzte Nacht war er mit hämmerndem Herzschlag aufgewacht und wusste nicht mehr, wo er war. Dann hörte er Ernesto neben sich schnarchen und fing an, das Puzzle allmählich zusammenzusetzen. Aber warum fühlte er eine solche Angst? Er dachte an all die akuten Gefahren –

Bomben und Heckenschützen –, doch nicht sie riefen seine Panik hervor, sondern jene Traumbilder, die ihm vor Augen führten, wie Jack in einer Grube mit Treibsand versank … Eine Szene wie in den Tarzanfilmen, die sie in ihrer Kindheit oft gemeinsam angeschaut hatten.

Charlie war jetzt zu weit weg, um seinen Bruder aus irgendeiner Fallgrube zu ziehen, in die er geraten mochte. Der Kriegseinsatz hatte zur Folge, dass er jede Rettungsleine loslassen musste, die ihm früher so nützlich gewesen war.

* * *

Charlies Einheit hatte diesen Außenposten nach einer stundenlangen Kletterei durch Bachbette und über bröckelnde Felsen errichtet. Bei der Ankunft blutete er im Gesicht – das dornige Gestrüpp hatte ihm, als er nicht aufpasste, die Haut aufgeritzt. Er war erschöpft, konnte sich aber gegenüber niemandem beklagen und nichts daran ändern. Sie saßen alle im gleichen Boot, arbeiteten mit schwerer Körperausrüstung, rangen nach Atem bei hohen Temperaturen, die nachmittags bis zu 50 Grad erreichten und nachts um nur wenige Grad zurückgingen.

Doch was machten sie hier eigentlich?

Nach sogenannten *unkonventionellen Sprengvorrichtungen* suchen, wie Ernesto erläuterte. Was sonst? Das schien bisher mehr oder weniger ihre Hauptbeschäftigung zu sein. Der Feind hatte erkannt, dass massive Angriffe weniger wirksam waren als diese tödlichen, nervenaufreibenden Explosionen versteckter Sprengkörper.

Charlie sah deren Spuren überall – in den rauchgeschwärzten Metallhaufen, die einmal Jeeps waren und nun verlassen am Straßenrand standen; bei verkrüppelten Dorfbewohnern, denen die Beine weggerissen oder die Arme verstümmelt worden waren.

In den ersten Monaten hatte er bereits an den anstrengendsten Aktivitäten seines Lebens teilgenommen – Berge erstiegen, sengende Hitze durchwandert und wie ein Packesel bleierne Lasten auf dem Rücken geschleppt. Und wie hatte er sich früher körperlich betätigt? Sportunterricht an der Highschool, Handball in der Turnhalle ...

Jacks Voraussagen über den Militärdienst hatten sich allesamt bewahrheitet: Charlie war weder für die Marines noch für das Leben in der Wüste geeignet, aber das spielte jetzt keine Rolle mehr. Schwerer wog, dass er sich langfristig verpflichtet hatte. Abgesehen von Fahnenflucht, die er nie begehen würde, gab es keinen Ausweg. Er hatte Verträge gleichsam mit seinem Blut unterzeichnet.

Dies war der bislang dramatischste Fall, dass Charlie sich der Meinung seines Bruders deutlich widersetzt und ganz auf eigene Faust das Abenteuer gesucht hatte. Nun aber glaubte er, für seine Dummheit täglich bezahlen zu müssen.

Er hatte nicht nur eine physische Veränderung durchgemacht, sondern auch eine mentale und emotionale. Jede Stunde, die er hier verbrachte, bescherte ihm neue, heftige Gefühle. Fast ständig fürchtete er sich vor unsichtbaren Gefahren oder Bedrohungen, die er nicht näher bestimmen konnte, die ihn aber überallhin verfolgten.

Das Leben war tödlich ernst geworden. Dauernd gab es Situationen, die von ihm verlangten, in sich zu gehen und Kraft und Ausdauer aus inneren Reserven zu schöpfen, die ihm bislang gar nicht bewusst gewesen waren.

So hielt er ein Sturmgewehr im Anschlag, um Ernesto Rückendeckung zu geben, der ein zerfallenes, vielleicht mit Sprengsätzen versehenes Gebäude durchsuchte.

Er blickte in das blutüberströmte Gesicht einer alten Frau, die in die Schusslinie geraten war, während er in der Schlange stand, um Brot zu kaufen. Er nahm einen vom Militärtransport angefahrenen Straßenköter mit schmaler Schnauze und weiß geflecktem Fell in die Arme, der ihn an Joey, den Hund in seiner Kindheit, erinnerte. Konnte er ihn wirklich heimbringen, seine Wunden säubern und ihn schließlich begraben? Ja, er konnte es.

Sterben war hier kein abstrakter Begriff, sondern tägliche Realität, ebenso gewohnt wie das Atmen. In jedem Moment konnte die Kugel eines Heckenschützen die Luft durchschneiden oder eine unkonventionelle Sprengvorrichtung explodieren, und man wäre für immer ausgelöscht – alles, was die eigene Person ausmacht, auch der Spitzname und der kühnste Traum, der Fingerabdruck und die Haarsträhne, die vorher nur einem selbst gehörte.

Während ihrer Gespräche über Skype versuchte Charlie, vor seinem Bruder zu verbergen, wie entnervt er war. Das bereitete ihm meistens keine große Mühe, zumal die Verbindung so schlecht war. Es gab kaum eine Möglichkeit, ausführlich und sinnvoll miteinander zu kommunizieren. Alle paar Minuten erstarrte das Bild oder der Kontakt brach ganz ab.

Tatsächlich schien Jack entsetzt über die weite Entfernung, die sie beide voneinander trennte. Das konnte Charlie in seinen Augen und an seinen häufigen Anrufen erkennen. Er hatte den Eindruck, dass Jack liebend gern die ganze Zeit über Skype mit ihm verbunden geblieben wäre, um wenigstens einige Bruchstücke davon zu erfahren, was sein Zwillingsbruder durchstehen musste.

Wenn der Austausch zu intensiv wurde, speiste Charlie ihn mit Ernesto ab, dem es leichterfiel, über das Wetter und das schlechte Essen zu scherzen. Sonst rief niemand an, denn niemand sonst wusste, wie dies technisch zu bewerkstelligen wäre.

5

In dieser Nacht schlief Charlie sofort nach Ende des Wachdienstes ein, nur um dann scheinbar wenige Minuten später geweckt zu werden. Er war in der Mitte eines tiefen und vielschichtigen Traums gewesen, als Ernesto ihn mit einem Licht blendete und rüttelte.

»Zeit, sich auf den Weg zu machen, Mann!«

Charlie drehte sich stöhnend zur Seite und hielt sich die Hand vor die Augen.

»Was? Du meinst, jetzt sofort?«

»Ja, hab gerade einen Anruf gekriegt. Ein paar wichtige Ereignisse westlich von hier. Aufstehen, los, und dann ab die Post.«

»O Mann.« Er setzte sich mühsam auf und rieb sich die Augen.

»Was für Ereignisse?«

»Weiß nicht genau. Irgendein Massaker in 'nem Dorf, soweit ich höre.«

»Großartig. Wie spät ist es eigentlich?«

»Vier.«

»Verdammt.«

Charlie erhob sich schwankend und griff nach seiner Uniform. Er schaute zu Ernesto, der dastand und ihn beobachtete.

»Bist du marschbereit?«, fragte er.

»Ich geh nicht mit.«

»Und warum nicht?«

»Sie brauchen einen, der hierbleibt und die Computer und das ganze Zeug überwacht.«

»Mist.« Charlie mochte es nicht, ohne Ernesto loszuziehen. Irgendwie hielt er ihn für seinen Glücksbringer.

»Wird alles gut gehn. Im Handumdrehen biste wieder zurück.«

Charlie schwieg, als er sich das letzte Kleidungsstück überstreifte.

* * *

Als die Dunkelheit zu schwinden begann, setzte sich der Konvoi in Bewegung. In seinem Humvee saßen auch Benjamin und Jim, zwei blonde blauäugige Soldaten aus dem Mittleren Westen, und JD, ein junger Schwarzer aus Brooklyn. Sie alle lachten, rauchten und tranken schwachen Kaffee mit Trockenmilch, den jemand in letzter Minute besorgt hatte.

Aus dem Radio sickerten inzwischen weitere Nachrichten durch. Ernesto hatte recht: Eine Art Massaker hatte stattgefunden.

Sie fuhren ins Afghan Valley und steuerten ein Dorf im Westen an. Als die Sonne aufging, ragten terrassierte Felder vor ihnen auf. Charlie war nur halb wach, öffnete und schloss die Augen vor dieser traumartigen Welt – Bäume mit schrumpeligen Äpfeln auf der einen Seite, auf der anderen ein ausgebrannter und deformierter Jeep am Straßenrand.

Als sie sich der Ortschaft näherten, stieg die Sonne mit gleißender Wucht vom Horizont auf, und eine schwache Brise wehte einen schrecklichen Geruch in ihre Richtung.

»Das Dorf«, sagte Charlie. »Wir müssen fast da sein.«

Der Zug stoppte, und sie fuhren neben zwei

andere Humvees nahe einem ausgetrockneten Bachbett.

O Mann, ich will nicht dorthin, dachte Charlie in dem Moment, als Benjamin zu ihm sagte: »Charlie, du und Jim, ihr sucht den Friedhof da hinten nach versteckten Waffen ab und behaltet diesen Gebirgskamm im Auge. Wir sind bald wieder zurück.«

Benjamin und JD stiegen aus und folgten anderen Soldaten, die sich vorsichtig dem Dorf aus Stein und Schlamm näherten. In der Ferne lag ein Obstgarten auf einem sichelförmigen Streifen fruchtbaren Lands. Der Rest war Fels und Geröll. Zwei räudige Hunde bellten und rannten neben ihnen her. Plötzlich erschien eine kleine Schar von Kindern auf der holprigen Schotterstraße und plapperten im Chor.

Obwohl auf den Fahrzeugen schwere Geschütze montiert waren, kamen die Kinder mit staubigen Gesichtern herbeigeeilt, um sie zu begrüßen.

»Sir, Süßigkeit?«, rief ein kleiner Junge unter seiner Kappe hervor.

»Ich dachte, sie hätten Angst vor uns«, sagte Charlie zu Jim.

»Genau.« Jim reichte dem Jungen ein paar Bazooka-Kaugummis. Die gewohnte Verpackung in den amerikanischen Nationalfarben erschien Charlie surreal in diesem fremden Land. »Sie haben Angst vor uns, aber sie lieben uns auch.«

Charlie wusste, dass es gefährlich war, die Deckung zu vernachlässigen, aber die Kinder entzückten ihn. Er hob ein kleines Mädchen mit zerschmetterter Hand in die Höhe und trug sie eine Weile auf der Schulter herum, bis Jim ihm einen warnenden Blick zuwarf.

»Hast du Dollar?«, fragte das Mädchen, woraufhin er sie sofort absetzte. Sie war älter, als er dachte – vielleicht zehn.

»Frag sie, ob die Taliban in den letzten Tagen hier waren und ob sie die Leute schikanieren«, sagte Jim zu ihm.

»Nein, sie nicht hier«, erwiderte das Mädchen, ohne Charlies Frage abzuwarten. Sie nahm den Vierteldollar, den er ihr gab, als wäre er solides Gold.

»Danke«, sagte die Kleine und lief davon.

»Wahrscheinlich lügt sie«, sagte Jim und sah ihn trübselig an, während er und Charlie beobachteten, wie die Sohlen ihrer schmutzigen Füße in der Ferne verschwanden.

Die beiden Soldaten wanderten durch Bachbette zu dem Friedhof, wo sie außer Steinen und Dornbüschen nichts fanden. Es waren keine Waffen versteckt.

Unterdessen inspizierte Charlie immer wieder den Gebirgskamm, der vor ihnen aufragte. Einmal erspähte er einen rotbraunen Hund – vielleicht ein Kojote –, der jedoch im nächsten Moment wie vom Erdboden verschluckt war.

Sie durchquerten unwegsames Gelände mit Felsblöcken und trotteten schließlich zum Humvee zurück. In der Luft lag eine sirrende Drohung, die Charlie weder ignorieren noch leicht identifizieren konnte.

Die Füße taten ihm weh, und er hatte einen Mordshunger, aber noch schlimmer war der bohrende Schmerz, mit dem er Jack plötzlich vermisste und der ihm den Atem nahm. *Wo bist du, Bruder? Wie konnten wir es je zulassen, uns so weit voneinander zu entfernen?*

* * *

An diesem Morgen hörte Charlie auf seinem Computer das Skype-Signal, als er gerade die Unterkunft verlassen und zum Humvee gehen wollte, beachtete es jedoch nicht weiter – obwohl möglicherweise Jack am anderen Ende war. Er versuchte, sich auf die nächste Aufgabe zu konzentrieren, und hatte keine Lust, von seinem Bruder abgelenkt zu werden, dessen Ängstlichkeit oft ansteckend war. Er fand es verwirrend, mit Jack zu reden, dann ein paar Meter zu gehen und erneut inmitten der feindlichen Wüste zu stehen.

Außerdem fiel es ihm schwer, neutral oder fröhlich über dieses und jenes zu sprechen. Er konnte seinem Bruder nicht erzählen, was er gerade wo tat. Daher waren ihre Unterhaltungen häufig gestelzt und einseitig. Jack überbrachte ihm die Nachrichten von ihren gemeinsamen

Freunden, die einen Job verloren oder mit einer Freundin Schluss gemacht hatten. Oder er berichtete über eigene Erlebnisse, hatte einen Film gesehen, eine Zahnfüllung verloren – oder sein Wagen brauchte ein neues Getriebe.

Charlie hatte immer wieder Mühe, sich auf die Fakten und Details zu Hause zu besinnen, ja sie über Skype auch nur zu vernehmen. Manchmal war er regelrecht verärgert über Jacks belanglose Probleme. *Wer schert sich denn um dein Getriebe?*, wollte er sagen. *Ist dir eigentlich klar, wo ich bin?* Die Leute, die er von früher her kannte, erschienen ihm in dieser Welt der Sonne und des Staubs völlig unwirklich.

Darüber hinaus konnte er nicht einmal Jack erklären, wie anders hier alles war. Ganz normale Annehmlichkeiten, die sie stets für selbstverständlich erachtet hatten – zum Beispiel eine heiße oder kalte Dusche –, waren nun Luxus. In der Wüste galt Wasser als flüssiges Gold. Auch das Wetter war keineswegs nebensächlich, sondern entscheidend für die Tagesmission und deren

Ausgang. Und die Mitglieder seines Teams waren mehr als unbedeutende Kumpane und Partner – nämlich Blutsbrüder, die einem das Leben retten konnten und das auch oft taten.

Junge Männer wie JD hatten sich für Charlie und seine Einheit schon so viele Male in die Schusslinie begeben, dass er sie gar nicht mehr zählen konnte. Und Joe, der Farmersohn aus Alabama, der im gleichen Maße ein Republikaner war wie Charlie ein Demokrat, hatte ihm kürzlich nach einem Feuergefecht gestanden: »Ich liebe dich, Mann, ich liebe dich wirklich. Fast wären wir zusammen gestorben.«

Das war die Art von Verbindung, die Jack überhaupt nicht begreifen würde. Zugleich wäre er sogar äußerst eifersüchtig gewesen, hätte er gewusst, wie nah Charlie diesen Männern inzwischen stand.

Sooft Charlie sich auch wünschte, nie hierhergekommen zu sein – genauso groß war sein Wunsch, Jack hätte ihn begleitet. Jedenfalls würde es nun immer wichtige Ereignisse geben – vielleicht sogar *das* entscheidende Ereignis seines

Lebens –, die er mit seinem Zwillingsbruder in der Erinnerung nicht teilen könnte. Deswegen fühlte er sich schuldig, als würde Jack betrogen und nicht er selbst.

6

Es dauerte tatsächlich über eine halbe Stunde, bis sich der durch den Unfall verursachte Stau auflöste und Jack schließlich weiterfahren konnte. Der Gedanke an die verlorene Zeit war ihm unerträglich.

Er schüttelte den Kopf, um wach zu werden, und setzte seine Tour durch die nächtlichen Straßen fort. Der Verkehr hatte sich beruhigt, nur ein paar Taxis waren unterwegs.

Er hatte sein Laptop auf dem Beifahrersitz aufgeklappt und wandte sich ihm zu, um das Icon für eine drahtlose Netzwerkverbindung anzuklicken. Der Computer suchte nach einem Empfangssignal. Er bog auf die rechte Spur und drosselte vor mehreren Etablissements das Tempo, um einen ungesicherten WLAN-Zugang »anzuzapfen«.

Jennys Café an der Ecke Main und Summit hatte ein Netzwerk, aber es war mit einem Passwort geschützt, genauso wie der Creamery Ice Cream Shop und der Dixie Coffee Spot. Er probierte es bei einem Baumarkt, zwei Versicherungen und sogar bei einem Bestattungsunternehmen. Alle Netzwerke waren sicherheitsaktiviert.

Jack fluchte leise und drückte aufs Gaspedal, um die Innenstadt zu verlassen. Verzweifelt auf der Suche nach einer Internetverbindung, beschloss er, den Wagen durch eine Anzahl von Wohngegenden zu steuern. Er fuhr stadtauswärts. Sein Auto, fast allein auf den verschlafenen, regennassen Straßen, verstrahlte einen überirdischen Glanz.

Auf dem Bildschirm wurden mehrere Netzwerke aufgelistet. Die meisten von ihnen waren nach Familiennamen bezeichnet: Sandy, Conners, Le Compte, und allesamt sicherheitsaktiviert. Innerhalb weniger Sekunden erschienen und verschwanden sie. Dann tauchte ein neues, ungeschütztes Netzwerk auf – das der Familie Tankian.

Das Signal war stark.

»Yeah!«, rief Jack und fuhr an den Randstein.

Er öffnete den Browser und tippte im Takt eines Maschinengewehrs folgende E-Mail an Charlie:

bist du okay? muss mit dir reden!!

Hastig klickte er auf »Senden«.

Aber auch das schien ihm nicht zu genügen.

Er loggte sich auf Skype ein. Jack hatte nach wie vor das dringende Bedürfnis, seinen Bruder auf dem anderen Kontinent lebend und atmend zu sehen, in Realzeit mit ihm zu sprechen und zu scherzen, während im Hintergrund der Knall explodierender Granaten zu hören war.

Einmal hatte er Charlie gebeten, Skype eingeschaltet zu lassen, auch wenn dieser nicht vor dem Bildschirm bleiben konnte, und so lauschte Jack etwa eine Stunde lang den Geräuschen aus dem Leben der Marines, die am anderen Ende der Welt ihren Dienst taten. Was er vernahm, war von seiner kalifornischen Existenz grundlegend verschieden: Hüsteln, Lacher und unverständliche Gesprächsfetzen aus dem Kriegsgebiet. Es ertönte ein Alarm, dann in der Ferne eine Explosion, außerdem das piepsende Signal von Skype und das Läuten von Mobiltelefonen. All diese Zeichen, die von einem äußerst exotischen und weit entfernten Schauplatz kamen, wo sein Bruder ohne ihn auskommen musste, faszinierten ihn.

In dieser Nacht blieb Charlies Name grau unterlegt; er war nicht online. Jack schlug wütend gegen das Lenkrad. Er scrollte durch die anderen Namen auf der Skype-Liste und fand Ernesto Olveiros, einen von Charlies engsten Freunden. Jack und Ernesto hatten zuvor schon mehrmals miteinander gesprochen, als er seinen Bruder nicht erreichen konnte. Ernesto war häufig auf Skype, um seine Familie in Missouri anzurufen. Außerdem war er freundlich und erpicht darauf, mit Jack über Charlie oder irgendein anderes Thema zu reden.

Jack war froh, jemanden zu haben, der sich in der Nähe seines Bruders aufhielt.

Er klickte auf Ernestos Namen, und sofort erschien sein Gesicht auf dem Bildschirm. Die Verbindung war großartig; das Bild blieb zwar immer wieder stehen, aber derlei konnte Jacks Begeisterung keinen Abbruch tun.

»Hallo, Hippie. Na, wie fühlt man sich so als faulenzender Landser?« Ernesto trug Wüstenuniform und T-Shirt, die Sonnenbrille über die Stirn geschoben. Charlie hatte ihm erzählt, Ernesto sei Familienvater mit zwei kleinen Kindern, auf Jack jedoch wirkte er selbst wie ein Kind.

»Wo ist Charlie?«

»Haste dir in letzter Zeit mal wieder 'n Joint gedreht?«

»Hör auf, Mann, wo ist er? Wo seid ihr Jungs denn?«

»Kann ich dir nicht sagen, Kumpel. Weißte ganz genau.«

Plötzlich brach die Verbindung ab. Ernestos Gesicht erstarrte.

Der Regen hämmerte auf die Motorhaube. Die fünf WLAN-Balken zeigten ein schwaches Signal an, und Jack hielt den Laptop hoch in Richtung Haus. Die Verbindung wurde kaum stärker. Rasch legte er den Gang ein und rollte ein wenig vorwärts, um mit dem Haus auf einer Höhe zu sein.

»Ernesto? Kannst du mich hören?«

Ernestos Gesicht bewegte sich, aber Jack hörte ihn nur undeutlich sagen: »Ich kann dich nicht hören. Ist kein sehr …« Erneut war er ausgeblendet.

»Ist Charlie da? Geht's ihm gut?«

»Alles bestens … ruf zurück.«

Die Wörter waren verzerrt, die Bilder verwackelt, dann wie durch Zauberhand wieder normal.

»Seid ihr Typen immer noch in Kandahar? Ist die Einheit gerade im Einsatz?«

Merklich angespannt rutschte Ernesto auf seinem Sitz hin und her. »Schau, selbst das hätte ich dir nicht sagen sollen. Was machen die Verwandten, Kamerad?«

»Ernesto, bitte, es ist wichtig.«

»Also, er ist an keiner Stelle, wo er jetzt Gespräche führen kann. Aber sie müssten gegen 15 Uhr zurück sein, halb drei bei dir. Wenn du so lange aufbleiben willst …«

»Sag ihm, dass er mich sofort über Skype anrufen soll, okay? Ich werde versuchen, online zu sein.«

»Kann dich nicht hören.«

»Sag ihm, er soll mich anrufen!«

Jack rieb sich die Schläfe.

»Was ist los mit dir, Mann?«

Sogar am anderen Ende der Welt musste man gespürt haben, dass er mit den Nerven am Ende war.

»Ich werde versuchen, online zu warten, verstanden? Auf Skype, bis er zurückkommt.«

Ernestos Kopf näherte sich der Kamera. »Biste im Auto?«

Jack ging auf die Frage nicht ein. »Falls er früher als geplant zurückkommt, sorgst du dafür, dass er gleich mit mir redet.«

Bild und Ton wurden undeutlich, dann wieder scharf.

Jack legte eine Hand auf die Stirn. Irgendetwas war im Gange. Nach oben in den Rückspiegel blickend, schaute er sich in die Augen. Sie glühten, und rings um den Kopf erschien ein seltsamer Halo aus funkelnden Lichtern. Wie Hunderte tanzender Sterne wurden sie zunehmend heller.

Er hatte die Vision einer Wüste, wie man sie durch eine gesprungene Fensterscheibe sieht; die Gläser der Sonnenbrille reflektierten die Sonne.

»He!«, sagte Ernesto. »Was ist mit dir? Bist du okay, Junge?«

Jack öffnete die Augen und blinzelte mehrmals. Ernestos Gesicht betrachtend, wollte er antworten, als ihn ein dumpfer Schlag direkt neben dem Ohr aus seinen Gedanken riss.

Eine behandschuhte Hand hatte gegen die Scheibe geklopft. Panisch fuhr Jack herum und erkannte einen Sicherheitsbeamten in mächtiger Uniform, der den Lichtstrahl seiner Taschenlampe auf ihn richtete.

Jack spähte erneut in den Rückspiegel und sah jetzt, dass ein Wagen des Sicherheitsdienstes hinter ihm angehalten hatte. Die Scheinwerfer, die die Regentropfen trafen, waren wohl die Ursache der tanzenden Lichter.

»Mist!«, murmelte Jack vor sich hin.

»Verzeihung, Sir?« Die Stimme des Sicherheitsbeamten war so hoch, dass sie einem Halbwüchsigen zu gehören schien.

Er schlug noch einmal gegen das Fenster, woraufhin Jack es ganz herunterkurbelte, außerstande, den Ärger in seiner Stimme zu unterdrücken.

»Können Sie bitte aufhören, mir mit dieser Lampe in die Augen zu leuchten?«

Auf dem Bildschirm beugte sich Ernesto noch näher zur Kamera.

»Jack, bist du da?«

»Einen Moment, Ernesto …«

Der Beamte beäugte misstrauisch den Laptop.

»Sir, was haben Sie hier in der Nachbarschaft zu tun?«

»Das ist *meine* Sache. Ich parke auf einer öffentlichen Straße.«

»Kann ich Ihren Führerschein und Fahrzeugschein sehen?«

»Hey, Sie sind ein Sicherheitsbeamter, kein Bulle. Außerdem habe ich das Recht, hier zu stehen.«

Jack wandte sich wieder Ernesto zu.

»Ernesto, bleib dran. Tut mir leid …«

Der Beamte zog sein Funkgerät hervor und erklärte nach einigen Sekunden wichtigtuerischen Schweigens in offiziellem Ton: »Ich hab einen 251 im fortgeschrittenen Stadium bei 1501 Euclid. Bitte um Polizeiverstärkung.«

»Was zum Teufel ist ein 251?«

»Sir, Sie scheinen sich auf unbefugte Weise einen Internetzugang zu verschaffen.«

Jack wollte aussteigen, aber der Typ war derart nervös, dass er es sich anders überlegte. »Einen Internetzugang kann man nicht stehlen! Er ist in der Luft. Das ist doch nicht wie Autodiebstahl!«

Plötzlich drangen aus dem Computer aufgeregte Stimmen, als würden Männer über Funk schreien und fluchen, ehe aus der Ferne eine Detonation zu hören war.

Jack wandte sich wieder dem Bildschirm zu. Ernesto schaute hinter sich und sprach dann in die Kamera: »Jack, ich muss los.«

»Warte! Was geht da vor sich? Ernesto!«

»Muss echt los, Kumpel.«

»Sag Charlie, ich bleib online, egal, was passiert«, rief Jack hektisch. »Ich find 'ne Stelle …«

Doch Ernesto war schon verschwunden, und das Skype-Fenster blieb leer.

Jack wurde von einer so heftigen Sorge ergriffen, dass er unmöglich einen weiteren Moment still sitzen konnte.

»Sir, dürfte ich Sie um Ihren Ausweis bitten … he!«

Der Beamte wich zurück, als Jack ruckartig den Gang einlegte und davonbrauste. Im Rückspiegel sah er, wie der Typ an seinem Mobiltelefon herumfingerte.

Jack raste in ein Geschäftsviertel, wo alles geschlossen und dunkel war.

»Wohin kann ich gehen? Wohin kann ich gehen?«, sang er lauthals. Mit einem Mal wurde ihm klar, wo er sich befand. Er bog ab, fuhr noch ein Stück weiter und kam bald vor seiner ehemaligen Highschool zum Stehen.

Jack schaltete die Scheinwerfer aus, griff nach seinem Laptop und klickte auf die Netzwerk-

Icons. Das Netzwerk von Roosevelt High war nicht sicherheitsaktiviert.

»Yes!«, rief er freudig und klickte erneut, stellte aber fest, dass die Verbindung schwach war.

Er ließ den Blick schweifen, suchte vergeblich nach einem Parkplatz, der näher an den Schulgebäuden lag. Also steckte er den Laptop in seine Bodybag, stieg aus und machte sich daran, die Büsche hinab in Richtung Schule zu durchqueren.

Am Zaun angekommen, schlüpfte er durch eine Öffnung, die sich offenbar schon seit Jahren an dieser Stelle befand.

* * *

Im ersten Stockwerk, wo die naturwissenschaftlichen Fächer unterrichtet wurden, brannte noch Licht. Am hellsten war es in Peter Kellers Klassenzimmer für Physik. Er hatte sich in diesem Raum eine eigene Welt erschaffen, umgeben von Büchern und allerlei Gerätschaften, umwölkt von Duftschwaden aus Zigarettenrauch und frisch gebrühtem Kaffee, den er in einem Laborglas zum Kochen brachte. Während im Hintergrund leise klassische Musik spielte – von einer Kassette mit der Aufschrift *Forschungsmix 45"* –, zündete sich Peter am Bunsenbrenner seine nächste Zigarette an und platzierte sie behutsam in eine Petrischale, seinen behelfsmäßigen Aschenbecher. Dann rührte er etwas Milchschaum aus einem Silberbecher in den Kaffee und bereitete sich einen Cappuccino zu. Er nahm ein scheibenförmiges Zuckergebäck von einer Waage, zog ein Präzisionsmesser hervor und schnitt es in perfekte Viertel. All seine Bewegungen waren wohlüberlegt und fast peinlich genau, als gehörten sie zu einem ebenso einsamen wie feierlichen Ritual.

Peter hatte eine kleine Wohnung auf der anderen Seite der Stadt gemietet, war jedoch nur selten dort. Niemand wusste, wie viele Stunden er in seinem Klassenzimmer – seinem Heiligtum nach dem Unterricht – verbrachte. Und niemand bemerkte, wie sehr er zum Einzelgänger geworden war.

Er aß ein Viertel von dem Keks, streckte sich aus, legte den Kopf auf sein Meditationskissen und schloss die Augen.

Als er sie wieder öffnete, starrte er fasziniert auf die Tafel vor ihm, nahm ein kleines Diktiergerät zur Hand und begann hineinzusprechen: »Überprüf noch einmal genauer das Michelson-Morley-Experiment. Setz die Schrödinger-Gleichung in Beziehung zu dem holonomischen Modell von Pribram und Bohm. Und berücksichtige weitere wissenschaftliche Artikel über das Genfer Zwillingsphotonen-Experiment.«

Er hielt inne, fuhr aber sogleich fort: »Finde, wenn möglich, Parallelbeispiele, die mit der Quantenverschränkung zu tun haben.«

Seine Gedanken wurden unterbrochen von dem Geräusch rasselnden Metalls.

Draußen konnte er den Maschendrahtzaun sehen, der sich im Wind bewegte.

* * *

Der Widerschein des Laptop-Bildschirms erhellte Jacks Gesicht, als er auf dem Kiesweg stand, der zur Ladezone der Schule führte. Das Skype-Fenster war geöffnet, aber sowohl Charlies Name wie auch der von Ernesto waren inaktiv.

Plötzlich piepste eine Nachricht auf dem Bildschirm auf: *Niedriger Batteriestatus.*

Jack flüsterte: »Das darf doch wohl nicht wahr sein.«

Er klappte seinen Laptop zu und betrachtete das Schulgebäude. Dann ging er auf die erleuchteten Fenster zu, um herauszufinden, ob eines davon geöffnet war.

Peter stand an der Tafel, von seinen Lippen hing eine Zigarette herab, während aus der Stereoanlage laute Rockmusik dröhnte. Völlig in sich versunken, schrieb er mit Kreide schnell eine komplizierte mathematische Gleichung auf den schwarzen Untergrund. Als er kurz absetzte, um darüber nachzudenken, kam aus dem Flur ein dumpfes Geräusch.

Er fuhr zusammen, drehte sich um und sah zur Tür. Das Geräusch wiederholte sich, nur diesmal lauter. Jedenfalls war dort jemand. Verwirrt schaute er auf seine Armbanduhr.

Peter ging zum Waschbecken, machte seine Zigarette aus und wedelte mit den Händen, um den Rauch zu vertreiben. Dann schaltete er die Stereoanlage ab. Einen Moment lang war es still im Raum. Weitere Geräusche drangen zu ihm, gefolgt von einem leisen Klopfen.

Er nahm einen Mopp aus der Ecke, holte tief Luft und betrat den Flur.

Jack hatte ein Oberlicht so weit geöffnet, dass er nach innen greifen und mithilfe eines Stocks auf den Fenstergriff darunter hämmern konnte, um ihn in eine vertikale Position zu bringen. Die Methode funktionierte. Er stieß das Fenster auf, schnappte sich seine Bodybag und stieg ins Gebäude.

Im gleichen Augenblick spähte Peter am Ende eines langen Flurs um die Ecke, den Mopp wie eine Waffe haltend.

»He!«, rief er.

Jack, von der Stimme vollkommen überrascht,

fiel zu Boden und landete unglücklich auf dem linken Bein.

»He!«, schrie Peter erneut. »Was machst du da?«

»Tut mir leid«, erwiderte Jack. »Alles okay. Ich versuche nur …«

»Das ist das Anwesen der Schule!«, sagte Peter. »Du hast überhaupt kein Recht, dich hier aufzuhalten.«

Jack rieb sich den Knöchel und wand sich vor Schmerz.

»Keine Sorge, ist mir schon klar.«

»Du bist eingebrochen und ins Innere eingedrungen.«

»Ich glaub, ich hab mir gerade den Knöchel gebrochen.«

Jack bemühte sich aufzustehen.

»Keine Bewegung! Ich rufe sonst sofort die Polizei!«

»Aber warum? Tun Sie das bitte nicht. Ich kann Ihnen alles erklären.«

Peter griff in die Hosentasche, um sein Handy hervorzuziehen, bemerkte aber, dass er es im

Klassenzimmer vergessen hatte. Dabei ließ er Jack keine Sekunde aus den Augen.

»Rühr dich nicht von der Stelle. Ich werde mein Handy holen und dann die Polizei verständigen.«

»Warten Sie! Ich hab nichts Böses im Sinn. Ich muss bloß meinen Computer anschließen, verstehen Sie?«

Jack erhob sich und humpelte auf Peter zu.

»Keinen Schritt weiter! Bist du bewaffnet?«

»Es geht wirklich nur um meinen Computer. Ich werde Sie nicht verletzen und will auch bestimmt nichts stehlen. Wie schon gesagt, ich muss ihn bloß anschließen.«

»Du bist eingebrochen, um einen Computer anzuschließen?«

Die ständigen Fragen versetzten Jack allmählich in Missmut. Die Zeit verrann, und offenbar gelang es ihm nicht, seinem früheren Physiklehrer die eigene Zwangslage schnell begreiflich zu machen.

»Schauen Sie, ich hab versucht, von außerhalb eine Internetverbindung herzustellen, aber das

Signal war zu schwach. Also bin ich durch den Zaun geschlüpft und hab's noch mal vorm Gebäude probiert, aber dann ging mir der Strom aus. Bitte, Mr Keller, es handelt sich um einen Notfall. Ich *muss* ins Netz.«

Peter ging ein Stück auf ihn zu, um besser zu sehen. Seine Miene entspannte sich.

»Du bist Charlie Franklin.«

»Nah dran. Jack. Wir sind …«

»Zwillingsbrüder«, ergänzte Peter. »Jetzt erinnere ich mich.«

»Gutes Gedächtnis.«

»Jahrgang 2005. Tüchtige Schüler. Was ist passiert? Du siehst jetzt aus wie ein Ganove.«

»Warum? Weil ich eine Kapuzenjacke anhabe?«

Er streifte die Kapuze nach hinten, und sein langes Haar kam zum Vorschein.

»Nein, weil du mitten in der Nacht in die Schule einbrichst.«

Peter starrte ihn kurz an.

»Bist du *high*?«, fragte er.

»Mr Keller … Mein Bruder ist Soldat in Afghanistan, und im Moment ist dort was im Gange, verstehen Sie? Ich muss ihn auf der Stelle kontaktieren. Ich brauch Skype, um mit ihm zu reden. Bitte.«

Der melancholische Ton in seiner Stimme beschwichtigte Peters Zweifel. *Warum bin ich überhaupt so misstrauisch?*, überlegte er.

Er betrachtete das Gesicht seines ehemaligen Schülers. Nun konnte er sich deutlich an ihn und seinen Bruder erinnern – leidenschaftliche junge Männer mit den gleichen haselnussbraunen Augen und offenbar so tief miteinander verbunden, dass es irgendwie seltsam war, ihnen als Paar zu begegnen. *Wie unterscheidet man sich, wenn es einen Doppelgänger gibt, der einem derart ähnlich ist, ja völlig entspricht?*, hatte er sich schon damals gefragt.

Wie so viele seiner Schüler standen auch Charlie und Jack in ihrem Leben an einem entscheidenden Wendepunkt. Und vielleicht kam diese Krisensituation genau darin zum Ausdruck, dass der eine in den Krieg zog, während der andere zu Hause blieb.

Peter seufzte. Insgeheim hoffte er, keinen schwerwiegenden Fehler zu begehen.

»Okay«, sagte er zu Jack. »Komm mit.«

7

Die beiden durchquerten zusammen die Flure der Highschool, wobei Jack wegen seines verletzten Knöchels stark humpelte.

»Wir besorgen dir ein wenig Eis«, sagte Peter, der plötzlich besorgt schien. »Glaubst du, dein Knöchel ist tatsächlich gebrochen?«

»Keine Ahnung. Vielleicht hab ich ihn mir bloß verstaucht.«

Sie gingen durch die Halle und passierten die Glaskästen mit den Fotos der Schüler. Peter schaute flüchtig auf das von Jack, blieb jedoch vor Charlies Foto stehen und betrachtete es gründlich – der gleiche offene und sensible Gesichtsausdruck wie beim Zwillingsbruder, aber das Haar dichter und kürzer, der Blick konzentrierter und intensiver.

»Da ist er«, sagte Jack. »Ich kann nicht fassen, dass er so weit weg ist.« Kurz darauf setzte er sich wieder in Bewegung, und Peter folgte ihm.

»Was machen Sie hier eigentlich mitten in der Nacht?«, fragte Jack.

»Schülerarbeiten korrigieren und benoten … dies und das«, murmelte Peter.

Als sie den Physiksaal erreichten, sagte er zu Jack: »Einen Moment«, und betrat ihn allein.

Rasch warf Peter Zigaretten und Aschenbecher in die Schublade seines Schreibtischs und zog dann die Leinwand vor der Tafel herunter, um seine ausgeklügelte Gleichung zu bedecken. Schließlich öffnete er Jack die Tür.

»Alles in Ordnung, komm rein. Versuch, den Computer dort drüben anzuschließen. Bei der dritten Reihe ist eine Steckdose.«

Innerhalb weniger Augenblicke war der Laptop auf einem der Labortische platziert und angeschlossen. Jack loggte sich auf Skype ein, aber Charlies Name war weiterhin grau unterlegt.

»Irgendein Zeichen?«, fragte Peter.

Jack schüttelte den Kopf. »Funkstille. Ernesto, ein Typ in seiner Einheit, hat gesagt, Charlie würde gegen halb drei unserer Zeit ins Basislager zurückkommen.«

Peter warf einen Blick auf die Wanduhr – es war 1.34 Uhr. »Ich bin sicher, er wird anrufen. Kann ich dir etwas anbieten? Hab gerade einen Kaffee zubereitet.«

»Ich mag kein Koffein. Haben Sie irgend'nen Kräutertee?«

»Du magst kein Koffein? Dann hast du noch nie *meinen* Kaffee probiert«, erwiderte Peter stolz. Er hielt kurz inne. »Du willst einen Kräutertee? Ich glaube, da ist welcher im Lehrerzimmer.«

»Nee, schon gut. Vielleicht 'n Schluck Wasser?«

Peter füllte ein Glas und reichte es ihm.

»Wie lang ist denn dein Bruder schon in Afghanistan?«, fragte er.

»Zwei Jahre. Er sollte inzwischen wieder daheim sein, aber Sie wissen ja, wie die jeden in die Mangel nehmen.«

»Gewiss. Muss dir ziemlich an die Nieren gehen, dass er so weit weg ist.«

»Und wie.« Jack rieb sich die Augen. »Mann, dieser Mist macht mich echt verrückt.«

Peter stand neben ihm, erwartete zusätzliche Ausführungen.

»Noch nie waren wir so lange getrennt. Außerdem haben wir uns zum ersten Mal wegen 'ner wichtigen Sache gestritten.«

»Worum ging es dabei?«

»Unser Vater hat nach und nach das ganze Geld für unser Studium verprasst. Folglich war uns beiden klar, dass wir ohne finanzielle Unterstützung aufs College kommen mussten. Charlie hat sich mit diesem Anwerber angefreundet, der in unserer Gegend herumhing, und dann beschlossen, in die Armee einzutreten. Der Anwerber wollte auch mich drankriegen.«

»Ich nehme an, du hattest kein Interesse?«

Jack warf ihm einen ungläubigen Blick zu. »Meinen Sie die Frage ernst?«

»Was also hast du vor, um das nötige Geld aufzutreiben?«

»Arbeit am Computer oder 'n Job als Aushilfslehrer – alles Mögliche, bloß kein Militär. Als wir unter uns waren, hab ich Charlie jedenfalls ganz schön ins Gewissen geredet. Er war immer gegen Krieg, genauso wie ich. Wir sind beide Pazifisten und Vegetarier. Aber er wollte nicht auf mich hören. Er meinte, damit einen Ausweg gefunden zu haben. Der Militärdienst wär doch nur von kurzer Dauer, und er würde viel Kohle mit nach Hause bringen. Deswegen haben wir uns regelrecht gefetzt.«

»Ihr seid handgreiflich geworden?«

»Nein, wir kämpfen nie, haben uns aber angeschrien. Das ist bisher überhaupt nur ein paarmal vorgekommen, gerade deshalb war's ja so ätzend. Kurz danach hörte ich, er würde in seiner Uniform herumlaufen, und die Leute redeten darüber, wie tapfer er sei. Mein Gott, das war wie der Zweite Weltkrieg oder so was.«

»Vielleicht warst du neidisch?«

Jack zuckte die Achseln. »Vielleicht. Das Problem war, dass wir nach dieser heftigen Diskussion nie wirklich zu zweit miteinander reden konnten, es ging alles so schnell. Ich musste außerhalb der Stadt 'nen Job erledigen, und als ich zurückkehrte, war er schon weg. Jetzt ist es fast unmöglich, ihn länger als für ein paar Minuten zu erwischen … oder ihm begreiflich zu machen, was ich meine.«

»Was genau ist mit Charlie passiert, dass du nun derart durcheinander bist?«, fragte Peter.

»Ist mir nicht ganz klar«, erwiderte Jack. »Aber die Sache könnte echt schlimm ausgehen.«

»Was heißt das? Hast du einen Anruf erhalten? War etwas in den Nachrichten?«

»Nein, nein.«

»Hat dieser Ernesto dir was gesagt?«

»Der hat nur rumgedruckst.«

»Ich durchschau das nicht.«

»Keine Ahnung, wie ich's erklären soll, aber ich weiß einfach, dass er momentan in akuter Gefahr ist.«

»Wie, du weißt es einfach?«

Jack holte tief Luft. »Ich hab gesehn, dass ihm was zustößt.«

»Das hast du *gesehn*?«

»Ja, gesehn. Eine Vorahnung – oder ein Traum.«

»Okay. Du bist also mitten in der Nacht in die Schule eingebrochen, weil du schlecht geträumt hast.«

»Mein Bruder könnte am andern Ende der Welt krepieren, und Sie nehmen mich in die

Mangel, weil ich das Internet der Schule benutze?«

»Ich nehme dich in die Mangel, weil du in die Schule eingebrochen bist und mir nicht offen sagst, warum du das getan hast.«

»Aber ich bin Ihnen gegenüber offen. Ich hab Ihnen gesagt: Ich weiß, dass etwas nicht stimmt und dass Charlie etwas Schlimmes zustoßen wird, wenn ich ihn nicht warnen kann!«

»Das *weißt* du nicht.«

»Doch!«

»Nein, du *glaubst* es zu wissen, hast aber keine Informationen, die auf Tatsachen beruhen.«

»Hören Sie, ich erwarte nicht, dass jemand wie Sie mich versteht. Ich saug mir das nicht aus den Fingern. Wir sind *Zwillingsbrüder*! Wir wissen einfach ein paar Dinge.«

Daraufhin brach Peter das Gespräch ab. Er betrachtete Jack, drehte sich um und ging zu seinem Schreibtisch.

Jack begab sich zu seinem Computer.

Peter öffnete ein Buch und tat, als würde er lesen. Schließlich sah Jack ihn an.

»Sie wollen Fakten? Okay! Jack und ich waren sieben. Wir befanden uns in einem Zeltlager und spielten am Fluss. Es regnete. Plötzlich bin ich am schlammigen Ufer ausgerutscht. Die Strömung war reißend, und ich fiel hinein. Das Wasser war so kalt, dass ich kaum atmen konnte. Es gelang mir nur, den Kopf an der Oberfläche zu halten. Charlie rannte los, um Hilfe zu holen. Er erzählte dem Betreuer, was vorgefallen war und dass ich unter einer alten Brücke sei.

Ich *war* unter einer Brücke, aber einige Meilen flussabwärts von der Stelle entfernt, wo wir gespielt hatten. Dorthin war ich gespült worden, klammerte mich an einen Pfeiler und kämpfte um mein Leben. Das konnte Charlie nicht wissen. Und doch wusste er's. Er wusste genau, wo ich war. Er *wusste Bescheid*.«

Jack machte eine kurze Pause und fixierte Peter, der ihm aufmerksam lauschte.

»Verstehe«, fuhr er fort, »Sie sind Physiklehrer und glauben an nichts, was Sie nicht mit einer blöden Gleichung beweisen können.«

»Du hast keine Ahnung, woran ich glaube.«

»Wenn Sie meinen …«

Ein langes Schweigen trat ein. Schließlich ergriff Peter das Wort.

»Schau, ich kann die Sorge um deinen Bruder wirklich sehr gut nachvollziehen. Ich will nur sagen: Wenn du durcheinander bist, kommst du schnell auf ungute Gedanken. Und die Macht einer negativen Vorstellung kann man gar nicht hoch genug einschätzen.«

Jack sprang auf und erwiderte heftig: »Es ist keine Vorstellung oder Einbildung! Ich hab's durch mein Herz gesehn! Hab's *gefühlt*!« Er schlug sich an die Brust, um seiner Aussage mehr Gewicht zu verleihen. »Hier drinnen!«

Peter starrte ihn an, jetzt eher neugierig als skeptisch. Etwas in Jacks Reaktion hatte einen Nerv in ihm berührt.

»Was meinst du mit *gefühlt*?«

»Es lässt sich nicht in Worte fassen, ist aber ganz real. Hatten Sie nie das sichere Gefühl, eine Art sechsten Sinn, dass etwas Bestimmtes der Wahrheit entspricht?«

Peter sah auf seinen unaufgeräumten Schreibtisch und dachte über Jacks Frage nach. Sein Blick fiel auf ein Foto von Manuela.

»Ich muss mit meinem Bruder sprechen, Mr Keller.« Er schickte sich an, den Laptop zuzuklappen und den Saal zu verlassen. »Und wenn das hier nicht möglich ist, werde ich es irgendwo anders tun.«

»Schon gut, beruhige dich«, sagte Peter. »Du kannst bleiben. Versprich mir nur eines: Wenn dein Bruder anruft und dir sicherlich mitteilt, dass er wohlauf ist, wirst du nach Hause gehen und dich ein wenig erholen.«

»Na schön.« Jack setzte sich vor seinen Laptop, während Peter nach einem Notebook griff.

»Äh, Mr Keller?«, sagte Jack wenige Minuten später.

Peter schaute zu Jack, der sich auf seinem Stuhl wand. Unwillkürlich hatte er die Hand gehoben wie ein Schüler.

»Ja?«

»Ich muss mal.«

»Du brauchst keine Erlaubnis. Wie alt bist du?«

»Kann ich mich darauf verlassen, dass Sie meinen Bildschirm im Auge behalten?«

Peter musste lächeln.

»Natürlich. Ich werde mit Argusaugen darüber wachen.«

Allein im Raum, stieß Peter einen tiefen Seufzer aus, ging dann zum Laptop und warf einen prüfenden Blick darauf.

Nichts Neues. Er kehrte zu seinem Schreibtisch zurück und starrte auf das Zuckergebäck auf dem Teller. Zwei Hälften, die einander ergänzten. Plötzlich kam ihm eine Idee. Er griff in seine Hosentasche, zog das Diktiergerät hervor, drückte auf die Replay-Taste und hörte seine Stimme: »Und berücksichtige weitere wissenschaftliche Artikel über das Genfer Zwillingsphotonen-Experiment. Finde, wenn möglich, Parallelbeispiele, die mit der Quantenverschränkung zu tun haben.«

Peter zog die Leinwand hoch und fing an, auf die Tafel zu schreiben. Er stoppte das Diktiergerät, als Jack zurückkehrte. Dieser hielt inne, als er die riesige Gleichung sah.

Sie war von vielerlei anderen Gleichungen, Listen und Namen umgeben. Gerade notierte Peter nahe dem oberen Rand etwas auf die Tafel.

»Mann, was ist denn *das*? Ich hoffe, Sie geben das heutzutage nicht als Hausarbeit auf.«

Peter drehte sich um, zog die Leinwand wieder herunter, um seine Aufzeichnungen zu bedecken. »Nein, das ist mein persönlicher Wahnsinn … meine private Forschung.«

»Warum verbergen Sie's dann? Ist es so was wie 'n Geheimnis?«

»Nein, nur hab ich im Lauf der Jahre gelernt, genau darauf zu achten, mit wem ich meine Ideen teile.«

»Kann ich's mal sehn?«

Peter zögerte und zog dann die Leinwand nach oben.

»Okay, tu, was du nicht lassen kannst. Aber erzähl davon ja nichts deinen Ganovenfreunden.«

Jack näherte sich der Tafel und betrachtete genau, was da geschrieben stand.

»Bist du eigentlich nun aufs College gegangen?«, fragte Peter.

»Kunstakademie.«

Jack las mit erhobener Stimme die Zeile über den Gleichungen: »Die Göttliche Matrix: Archaisches Denken und Einheitliche Feldtheorie von Dr. Peter Keller.«

»Das ist nur der Arbeitstitel. Irgendwie wurde er von der Populärkultur vereinnahmt. Aber er ist doch immer noch besser als viele andere da draußen.«

Jack betrachtete die Bezeichnungen an der Seite und artikulierte sie deutlich: »Supersymmetrie, das Higgs-Feld, das Einheitliche Feld.«

»Diese Begriffe sind alle korreliert«, sagte Peter.

Jack las weiter: »Bauplan, Raster, virtuelles Fluktuationsfeld, Äther.«

»Die sind ein bisschen zu befrachtet. Schlechte Assoziationen.«

»Quantengeräusch, Quantensuppe, Hülle, die KRAFT, Brahman, Indras Netz, der Geist des Universums, das Lebensnetz der Großmutter Spinne.«

»Die stammt aus einer Geschichte der Hopi-Indianer.«

»Ja, ich weiß. Mein Zimmergenosse ist total verrückt nach Indianerlegenden.«

Jack deutete auf die Gleichungen.

»Aber wie hängen *die* mit all *dem* zusammen?«

Peter zeichnete einen Kreis auf die Tafel und teilte ihn in vier Abschnitte.

»Auf der ganzen Welt gibt es verschiedene Sprachen, die im Wesentlichen das Gleiche beschreiben.«

Er setzte ab und starrte einen Moment auf den Kreis. »Möchtest du ein Plätzchen?«, fragte er.

Diese völlig unerwartete Frage verblüffte Jack, aber er nickte zustimmend. Also ging Peter zum Schreibtisch, kam mit dem Teller zurück und fuhr fort.

»Und all die verschiedenen Kulturen, die das Gleiche beschreiben, bilden das Gefüge der Welt oder den ›Geist Gottes‹ – vorausgesetzt natürlich, du glaubst an so etwas.«

Jack sah ihn überrascht an.

»Ich? Und wie steht es mit Ihnen? Ein Wissenschaftler, der das G-Wort benutzt? Ist das keine Ketzerei?«

»Nun, es gibt verschiedene Lager. Da ist die religiöse Gemeinschaft, die ohne konkreten Beweis an die Existenz Gottes glaubt. Und da ist die wissenschaftliche Gemeinschaft, die zum Beispiel der Urknalltheorie anhängt, wobei allerdings auch sie nicht überprüft werden kann.«

»Okay, die ganzen Kreationisten gegen die alten Darwinisten.«

»Genau. Was meinen bevorzugten Wahlspruch in Erinnerung ruft: *Alle Wahrheiten sind nur Halbwahrheiten.*«

»Das Gesetz der Polarität«, warf Jack ein und nahm sich ein Plätzchen.

Beeindruckt sah Peter sein Gegenüber an.

»In der Tat, das Gesetz der Polarität.«

»Auf der Kunstakademie *lesen* wir Bücher.«

»Dann weißt du auch, dass jedes Universum aus unauflöslich verknüpften Gegensatzpaaren zusammengesetzt ist wie etwa Licht und Dunkel, Wärme und Kälte, Oben und Unten, Leben und Tod … und dass man von der scheinbar allen Dingen innewohnenden Widersprüchlichkeit leicht überfordert werden kann. Stimmt's?

Und was dann? Wir verfügen über innere Puffer, die auftauchen und uns als Scheuklappen dienen, damit wir angesichts all dieser widersprüchlichen Informationen nicht durchdrehen. Doch so ergibt sich ein weiterer Widerspruch: Die gleichen Scheuklappen, die uns davor bewahren, den Verstand zu verlieren, halten uns auch in der Dunkelheit gefangen, indem sie verhindern, dass wir den Gesamtzusammenhang der paradoxen Natur der Dinge erkennen.«

»Nun, das versteh ich schon, aber dieses mathematische Zeug ist mir einfach zu hoch.«

Peter lächelte. »Ich denke, du könntest es besser verstehen als ich.«

»Was soll das heißen?«

Peter ging zu seinem Schreibtisch und holte Zigaretten und Aschenbecher hervor.

»Das heißt, falls du irgendjemandem sagst, dass ich hier drinnen geraucht hab, bring ich dich um.«

Er zündete sich eine Zigarette an, öffnete ein Fenster und lehnte sich auf den Sims. Der Rauch trieb in die Nacht hinaus und verschwand.

»Was ist eigentlich mit diesen hartnäckigen Gerüchten, dass Sie für die Regierung und zudem für die NASA gearbeitet haben?«, fragte Jack.

Peter lachte. »Warum soll jeder Wissenschaftler für die NASA gearbeitet haben? Nein, ich war in einer Firma namens Fermilab außerhalb von Chicago. Damals befand sich dort der weltweit größte Teilchenbeschleuniger.«

»Teilchenbeschleuniger? Was macht der denn? Teilchen beschleunigen?«

»Kennst du das Hubble-Teleskop?«

»Klar.«

»Es handelt sich um ein riesiges Teleskop, mit dem man in die entferntesten Bereiche des äußeren Raumes blicken kann. Der Teilchenbeschleuniger hingegen ist ein riesiges Mikroskop, mit dem man in die tiefsten Bereiche des inneren Raumes blicken kann.«

»Und was sieht man da?«

»Himmlische Körper von subatomaren Teilchen. Das Higgs-Boson, den heiligen Gral der modernen Physik, verbunden mit dem Higgs-Feld.«

»Schön und gut, aber diese Begriffe sagen mir nichts.« Jack deutete auf die Tafel.

»Was bedeutet das – Higgs-Feld?«

»Eine der Aufgaben der Wissenschaft besteht darin, ein genaues Verständnis vom Universum zu erlangen. Das gegenwärtige Modell – das sogenannte Standardmodell – ist unvollständig. Wie ein Puzzle, bei dem einige sehr wichtige Teile fehlen. Zum Beispiel die Antwort auf die Frage: Warum gibt es überhaupt Masse? Wenn es gelingt, die Existenz dieses alles durchdringenden Energiefeldes – des Higgs-Feldes – zu beweisen, ist das der Schlüssel, viele dieser fehlenden Teile zu vereinen.«

»Okay, hab ich kapiert. Wow. Sie waren wohl schon immer ein heller Kopf.«

»Nach meinem Master hab ich einiges beigebracht bekommen …«

»Wo?«

»Drüben an der Ostküste … am MIT.«

»Mann, ich hab davon gehört … Massachusetts Institute of Technology«, sagte Jack und riss die Augen auf.

»Richtig. Sicherlich war es eine aufregende Sache, gesalbt und in dieses innere Heiligtum zugelassen zu werden. Der Traum jedes Naturwissenschaftlers wird wahr, wenn er die Tiefen des Lebens auf der Erde ausloten oder an vorderster Front den Versuch unternehmen kann, das große Rätsel von der Entstehung des Universums zu lösen. Zweifellos schienen dort am Institut die subatomaren Teilchen eine enorme Rolle zu spielen.«

Peter drückte seine Zigarette aus. Plötzlich wurde er blass, seine Worte kamen stockender.

»Eines Tages dann … erreichten sie mich im Büro … denn ich war drei Tage nicht in meiner Wohnung gewesen. Sie riefen an, um mir mitzuteilen, dass meine Freundin … nein, dieser Begriff ist völlig ungeeignet, um sie zu beschreiben … dass die Liebe meines Lebens, Manuela, ums Leben gekommen war. Unfall mit Fahrerflucht … Im einen Augenblick saß sie noch auf dem Fahrrad, im nächsten war sie tot.«

Peter deutete auf ihr Foto, das auf dem Schreibtisch lag.

»Oje, das ist hart«, sagte Jack und betrachtete zum ersten Mal das Foto.

Die Frau, die ihn anschaute, hatte einen sensiblen und zugleich ernsten Gesichtsausdruck. Sie lächelte nicht, blickte vielmehr gespannt in die Kamera, als stünde sie vor einer Herausforderung.

»Tut mir wirklich leid«, fügte Jack hinzu.

»Ich bin fast wahnsinnig geworden oder irgendwie auseinandergebrochen. Hab 'ne Zeit lang jeden Halt verloren … Dieser Schock veranlasste mich schließlich, auf die Suche zu gehen, die mich seltsamerweise den ganzen Weg zurückführte zu dem, was immer schon da war.«

»Und was war das?«

Peter stand auf und ging in den vorderen Teil des Saales.

»Es gibt ein Zitat von einem meiner Helden, Max Planck, dem Paten der Quantenphysik: ›Alle Materie entsteht und besteht nur durch die eigene Kraft … Wir müssen hinter dieser Kraft einen bewussten intelligenten Geist annehmen … Die Matrix aller Materie.‹ Plötzlich erkannte ich, was sämtliche Theorien und Gleichungen bisher ausgelassen hatten: *Bewusstsein.*«

Draußen blitzte und donnerte es.

Peter lächelte Jack zu.

»Sieht so aus, als würde das Universum zustimmen.«

»Gehen wir ein paar Schritte«, schlug Jack vor. »Ich muss wieder einen klaren Kopf bekommen.«

»Gute Idee. Das Lehrerzimmer müsste offen sein.«

8

Tief in Gedanken versunken, schlenderten die beiden den dunklen Flur entlang. Schließlich sagte Jack: »Wissen Sie, was mir von Ihrem Unterricht am besten in Erinnerung geblieben ist? Diese Geschichte mit dem Flachglas. Von wem stammt die? Einstein?«

»Nein, eigentlich von seinem Kollegen John Wheeler.«

»Genau. Irgendwie ging's darum, dass Wissenschaftler das Universum immer in sicherem Abstand hinter einer dicken Scheibe aus Flachglas betrachten. Alles geschieht irgendwo da draußen. Getrennt von uns.«

Sie bogen um eine Ecke und stiegen die Treppe hinunter.

»Aber jetzt wissen wir«, sagte Peter, »dass die Dinge nicht in dieser Weise funktionieren. Einen Gegenstand – und sei er so winzig wie ein Elektron – zu beobachten heißt, ihn zu *verändern*.

Außerdem hat sich in neuerer Zeit herausgestellt, dass diese Beobachtung des Gegenstandes selbst auf tieferen Quantenebenen gleichbedeutend damit ist, ihn tatsächlich zu *erschaffen*! Wheeler erklärte, wenn wir die wahre Natur der Dinge wirklich erkennen wollen …«

Jack führte diesen Gedanken zu Ende: »… müssen wir das Flachglas zerschlagen.«

»Exakt. Und sobald wir diese künstliche Barriere beseitigen, können wir nicht länger leugnen, dass wir durch das Bewusstsein unseres inneren Raumes mit diesem äußeren Raum unauflöslich verbunden sind. Wir sind keine Beobachter, sondern Teilnehmer.«

Im Lehrerzimmer gab es Tische, Stühle, eine Mikrowelle und eine wandbreite Tafel.

Als sie eintraten, fragte Peter, ob Jack etwas trinken wolle. Er durchstöberte die Teeschachteln.

»Der Kräutervorrat der Schule. Granatapfel. Milde Minze. Pfirsich Melba. Wie wär's mit Lemon-Hibiskus?«

»Wunderbar. Genau richtig.«

Peter roch an dem Beutel. »Sicher? Willst du etwas mit dazu?«

»Nein, ich trink ihn pur.«

Peter bereitete den Tee zu und füllte dann eine Schale mit gemischten Nüssen. Sie setzten sich an einen der Tische.

»Was also ist der große Unterschied zwischen dem, was Sie machen, und dem Standardmodell mit dem Higgs-Ding?«, fragte Jack.

»Nun, zunächst einmal ist meine Mathematik viel eleganter. Darüber hinaus aber hat sie andere Folgen, und gerade darauf kommt es an. Was bedeutet dieses Feld subtiler Energie, in dem alle Wesenheiten leben und atmen und ihr Sein haben? Die Idee, die dahintersteckt, ist die älteste Idee überhaupt: Wir sind eins. Das Universum. Die Poesie der Einheit.«

Peter hielt kurz inne und fuhr dann fort: »Wir sind keine voneinander getrennten Objekte, die im leeren Raum umherschweben, sondern Teil eines fluktuierenden, pulsierenden, multidimensionalen, homogenen Organismus, der sich vom Reich der Sonnen und Planeten bis zur subatomaren Quantenebene ausdehnt. Im gemeinsamen Feld schwingt alles mit unterschiedlichen Frequenzen, verstrahlt und empfängt, absorbiert und reflektiert Licht und Energie. Das Ganze wird unaufhörlich zusammengehalten durch die unsichtbare, zugleich aber allgegenwärtige Kraft des Bewusstseins.«

Jacks Augen leuchteten vor Verwunderung über Peters Worte, dessen Gesicht eine rötliche Färbung angenommen hatte.

»Wahnsinn, Sie müssen unbedingt zum *Burning Man*-Festival in der Wüste von Nevada. Dort würde man Ihre Ansichten ekstatisch feiern und Sie mit Liebe überschütten!«

Die beiden Männer schauten in den Regen, und Jack fragte: »Und wie hängt das mit dem Kreis zusammen, den Sie vorhin aufgezeichnet haben?«

Peter schlenderte zur hinteren Wand, nahm ein Stück Kreide und zeichnete ein Rad auf die Tafel.

»Eigentlich hat mir das meine Mutter erzählt, als ich klein war.«

Er fügte Speichen ein.

»Alle Wege – Weltanschauungen oder Religionen – sind wie die Speichen eines Rades. Je weiter man sich von ihnen entfernt, desto oberflächlicher, unterschiedlicher und fremder erscheinen sie. Doch je näher man ihnen kommt, je tiefer man eindringt, desto ähnlicher werden sie. Im Zentrum treffen und vereinigen sie sich.

Alle Wesen und Dinge sind durch Bewusstsein miteinander verbunden. Von den fernsten Gebieten des äußeren Raumes – des Makrokosmos – bis zu den fernsten Gebieten des inneren Raumes – des Mikrokosmos und der Quantenphysik – sind sie allesamt Widerspiegelungen des Einen. Ich habe es gewagt, einen Aufsatz herauszubringen, in dem ich die These vertrat, dass die Wissenschaft lediglich eine weitere Lehre darstellt, um in das Zentrum des Rades oder Kreises zu gelangen, dessen Ziel und Zweck das Bewusstsein ist.«

»Das muss der wissenschaftlichen Gemeinschaft ganz schön übel aufgestoßen sein«, bemerkte Jack.

Mit einer raschen Handbewegung verwischte Peter die Zeichnung und lächelte melancholisch.

»Die Sache hat hohe Wellen geschlagen. Daher veröffentliche ich seither kaum noch etwas.«

»Zur Hölle mit denen, Mann. Die sind doch alle bloß Teil des Systems«, erwiderte Jack. »Ist das der Grund, warum Sie sich hier verstecken?«

Diese Frage schien Peter aufzuschrecken. Das Gespräch ging ihm allmählich zu nah, bewirkte eine innere Unruhe. Tatsächlich zog er das Labor seiner Wohnung vor, weil ihn dort so vieles an Manuela erinnerte. Hier in der Schule, wo er die Umgebung kontrollieren konnte wie ein Experiment, fühlte er sich wohler. Indes hatte er nicht die Absicht, derartige Themen mit Jack oder irgendjemandem sonst zu erörtern.

»Wer sagt denn, dass ich mich verstecke? Ich hab einfach beschlossen, meine Ideen in einer offenen Atmosphäre zu entwickeln. Es hat was, von Jugendlichen umgeben zu sein, zumal in diesem Alter, wenn sie sich ihrer selbst bewusst werden. Sie sind so interessiert und stellen dauernd Fragen. Sie haben keine Angst, unerhörte Möglichkeiten in Betracht zu ziehen und zu erforschen – gerade das ist wirklich inspirierend.«

»Haben Sie deshalb gesagt, ich könnte Ihre Ideen besser verstehen als Sie selbst?«

»Das ist nur ein Aspekt, aber er hat etwas mit dem Eigentlichen zu tun.«

Peter fasste sich an die Brust.

»Unmittelbares Verstehen. Die Macht des Herzens, den Gedanken zu übersteigen. Wir sprechen vom Feld subtiler Energie, das die Verbindung zwischen unserem Bewusstsein und dem aller Welten herstellt. Dieses Feld ist in uns. Kleine Kinder haben Zugang zu ihm. Sie trennen sich von ihrer Welt nicht ab. Aber sobald wir größer werden, tauchen Hindernisse auf. Indoktrinationen seitens der Gesellschaft ziehen uns in ihren Bann, und allmählich bildet sich die Neigung aus, jenes Band zu vergessen oder zu verleugnen. Schon bald – bumm! – sind wir verschlossen, und es braucht einen Schock, um das Herz wieder empfänglich zu machen für die intuitive, nonverbale Sprache des Gefühls.«

Jack nickte und spann den Gedanken weiter.

»Als Zwilling kann man sich von der Außenwelt nie ganz abschotten. Man schaut hinaus und – Simsalabim! – *kapiert einfach.* Vielleicht haben wir deswegen den Eindruck, *durch Fühlen zu wissen.*«

Ein Donnerschlag erschütterte die Luft. Der Regenschauer wurde noch heftiger, riesige Tropfen prasselten auf die Erde.

Peter musterte Jack einen Moment und nickte ebenfalls.

»Ja, da mag was dran sein. Stichwort ›Sympathetische Resonanz‹. 1997 wurde in Genf dieses Experiment durchgeführt, bei dem die Wissenschaftler ein einzelnes Photon in zwei Zwillingspartikel mit identischen Eigenschaften spalteten. Anschließend schoss man sie in entgegengesetzte Richtungen durch zwei gut 11 Kilometer lange Glasfaserkanäle, sodass beide Partikel an ihrem Ziel über 22 Kilometer voneinander entfernt waren. Dort mussten sie dann zwischen zwei in jeder Hinsicht identischen Wegen wählen. Die beiden Partikel trafen exakt zur gleichen Zeit die gleiche Wahl, und jede Wiederholung des Versuchs erbrachte das gleiche Ergebnis. Das heißt, zwischen ihnen fand ein unmittelbarer Informationsaustausch statt. Auf irgendeine geheimnisvolle Weise kommunizierten sie miteinander. Dieses Phänomen wird als Quantenverschränkung bezeichnet.«

»Also besteht auch zwischen Charlie und mir eine solche Quantenverschränkung fast bis zur molekularen Ebene«, folgerte Jack.

»Oder eine *spukhafte Fernwirkung*, wie Einstein sie nannte. Könnte ein guter Titel für mein Buch sein«, fügte Peter hinzu und zog an seiner Zigarette.

»Moment mal. Wenn sogar die Wissenschaft erklärt, dass wir psychisch miteinander verbunden sind, dann muss bei Charlie echt was verkehrt laufen.«

»Die Wissenschaft würde nie von ›psychischer Verbundenheit‹ sprechen. Es ist alles nur spekulativ … Wir reden hier ja bloß.«

»Genau, wir reden *zu viel.* Wie spät ist es eigentlich?«

Peter schaute auf seine Uhr. Seine Miene war deutlich genug. Jack hastete aus dem Lehrerzimmer und rannte über die Flure zum Physiksaal. Dort angekommen, eilte er unverzüglich zu seinem Laptop.

»Charlie! Tut mir leid, ich bin da, bleib dran!«

Er erstarrte vor Schreck.

Auf dem Bildschirm war Charlies Name weiterhin grau unterlegt, ebenso wie der von Ernesto. Keine Nachrichten. Nichts.

Peter betrat den Saal und rief: »Jack!«

Der sah schnell seine E-Mails durch. Nichts.

»O Gott! Nein!«

»Hast du ihn verpasst? Was ist passiert?«

»Er hat nicht angerufen. Es ist *wirklich* was passiert.«

»Jack, beruhige dich. Hör mir zu. Das weißt du nicht genau.«

»Oder was, wenn er angerufen hat, und ich war nicht da?! Alles nur, weil wir so intensiv geredet haben!«

Mit geballten Fäusten und verzweifeltem Gesichtsausdruck lief er auf und ab.

Peter sah ihn an und traf eine Entscheidung.

»Was hast du gesehen, Jack? Erzähl mir's jetzt. Was hast du gesehen?«

»Ich sah Charlie in der Wüste – überall Sand, ein Hügel, eine Kuppe. Und in der Ferne eine Art Kojote …«

»Ein Kojote?«

»Ja, oder so was Ähnliches … und die andern Soldaten, die miteinander plauderten. Plötzlich hörte ich dieses furchtbare Dröhnen, einen markerschütternden Schrei! Und dann ergriff mich dieses schreckliche Gefühl! Es ging durch und durch – bis in die letzte Faser!«

Entsetzt und zugleich wutentbrannt stieß Jack einen der Labortische um, wodurch die gesamte Ausrüstung am Boden zerschellte.

»Jack, das ist nicht wirklich geschehen. Mach dich von dieser Vorstellung frei. Sie hat mit der Realität nichts zu tun.«

»Es war völlig real. Warum würd ich's denn sehen, wenn's nicht real wär?«

Angespannt atmend, legte Jack die Finger auf die Schläfen.

»Weiß auch nicht. Vielleicht war's eine böse Vorahnung, wie du's gesagt hast …«, gab Peter zu bedenken.

»Aber wie soll ich Charlie warnen, wenn ich nicht mit ihm sprechen kann?«

»Okay, entspann dich einfach. Es wird alles gut ausgehen.«

Jack atmete tief durch, während er sich auf ein großes Plakat an der Wand hinter Peter konzentrierte, das den Weltraum mit unzähligen Sternen darstellte. Kurz darauf schloss er die Augen, doch ehe er sichs versah, traf ihn im Innern erneut ein Strahl gleißenden Sonnenlichts, und er sah einen Humvee, gefolgt von zwei weiteren Armeefahrzeugen, die sich durch die Wüste bewegten – diesmal in umgekehrter Richtung.

Jack fiel gegen die Wand, vergrub das Gesicht in den Händen. Er zitterte am ganzen Körper.

»O mein Gott, es passiert, jetzt, in diesem Moment! Ich kann's fühlen! Charlie …«

Peter ging zu Jack, packte ihn an den Armen und versuchte, ihn zu beschwichtigen. Jack rang mit sich, brach aber schließlich zusammen.

Peter kniete sich neben ihn, redete behutsam auf ihn ein.

»Jack, hör zu! Panik bringt überhaupt nichts, ist reine Zeitverschwendung. Es gibt eine Verbindung zwischen dir und deinem Bruder, also benutze sie – wie eine Radiofrequenz.«

»Ich will ihn zurückhaben«, wimmerte Jack.

»*Wollen* funktioniert nicht. Du musst dich konzentrieren.«

»Ich weiß nicht, wie! Es ist zu spät!«

»Nein. Konzentriere dich voll und ganz auf ihn. Öffne ihm dein Herz. Und gib ihm zu verstehen, dass du ihn an einen sicheren Ort zurückführst.«

»Ich kann nicht«, schrie Jack wie ein kleiner Junge. »Ich weiß nicht, wie ich's machen soll.«

»Wie *fühlt* es sich an, zu wissen, dass er in Sicherheit ist? Wie wäre es für dich, auf den Bildschirm zu schauen und darauf das Gesicht deines Bruders zu sehen?«

Mit Tränen in den Augen nahm Jack all seine Kräfte zusammen, um zum Computer hochzublicken.

»Das fühlt sich gut an. Es erleichtert mich total.«

»Was wirst du Charlie sagen?«

»Ich weiß nicht, ich weiß nicht … Charlie, bitte, sei wohlauf.«

»Er *ist* wohlauf, Jack. Wirklich! Lass ihn jetzt wissen, wie wichtig er ist. Benutze das Energiefeld, das dich mit ihm verbindet, um zu erkennen, dass er unversehrt ist … Was wirst du ihm sonst noch sagen?«

Die Hoffnung hellte Jacks Gesichtsausdruck auf.

»Charlie, du Idiot! Ich dachte, dir wäre was passiert, aber du bist okay, bist in Sicherheit.«

Jack schloss wieder die Augen. Hinter den Lidern konnte er den fahrenden Humvee sehen.

Charlie saß auf dem Vordersitz und redete mit dem Fahrer. Abrupt hielt er inne und schaute hinter sich, als hätte er jemanden rufen hören. Dann schüttelte er den Kopf, wie um das Geräusch zu verdrängen.

»Was ist los?«, fragte der Fahrer.

»Keine Ahnung. Hab was gehört. Du auch?«

Der andere warf ihm einen skeptischen Blick zu.

»Nee, Mann. Hab echt nichts gehört. Biste okay?«

* * *

Mit wachem Sinn zurück im Physiksaal, öffnete Jack die Augen. Er schien in einem völlig veränderten Zustand zu sein.

Peter beugte sich über ihn und sagte: »Bleib in Kontakt. Übermittle Charlie die Botschaft, wie wichtig es für dich ist, dass ihm keine Gefahr droht. Zeig ihm, wie sehr du ihn liebst. Erwecke und hebe ihn mit dieser Liebe auf eine andere Gefühls- und Bewusstseinsebene, auf der er alles um sich herum wahrnehmen kann.«

Jack schloss erneut die Augen, und diesmal sah er seinen Bruder umso deutlicher, der im Humvee über das Gelände holperte, während sich das Licht auf seiner Sonnenbrille spiegelte. Charlie plauderte weiterhin mit den anderen Soldaten.

»Ja, Charlie ist okay«, sagte Jack. »Ich sehe ihn. Er ist in Sicherheit.«

Der Humvee erreichte ein Gebiet, das rechter Hand von einer hohen Hügelkette umsäumt war.

Tränen strömten über Jacks Gesicht.

»Er lächelt. Er ist am Leben.«

Plötzlich durchfuhr ein Blitz die Szenerie. Oben auf der Kuppe stand ein Tier, das einem Kojoten ähnelte.

Jack stieß einen Ruf aus, der von den Hügeln widerhallte: »Schau hoch, Charlie!«

Sein Bruder hörte auf zu reden und legte den Kopf auf die Seite, als hätte er etwas noch einmal gehört.

Ein Echo von Jacks Ruf durchquerte Raum und Zeit.

»*Schau hoch!*«

»Jack?«, murmelte Charlie, der seine Bewegungen verlangsamte und zur Kuppe hochschaute.

Gleichzeitig öffnete Jack die Augen, drehte sich um und blickte in dieselbe Richtung wie sein Bruder.

Seine Lider zuckten. Emotional völlig erschöpft, wurde er ohnmächtig.

Peter brachte ihn in eine bequeme Liegeposition. Er griff nach dem Meditationskissen auf dem Schreibtisch und legte es unter Jacks Kopf.

»Jack, du wirst bald wieder wohlauf sein. Alles wird gut«, flüsterte er.

9

Es hatte aufgehört zu regnen, und die Wolken waren verschwunden. Der Himmel war ein Gewölbe in zartestem Blau.

Die Wanduhr im Physiksaal zeigte 6.15 Uhr an. Schwache Strahlen des frühen Sonnenlichts fielen schräg durch die Jalousien. Jack lag zusammengerollt auf dem Boden und schlief. Peters Jacke bedeckte ihn.

Peter saß vor Jacks Computer; sein Kopf ruhte in den Armen auf dem Labortisch, schwebte in der Region zwischen Schlafen und Wachen. Plötzlich ertönte ein akustisches Signal, das den Eingang einer E-Mail ankündigte.

Das Geräusch war laut genug, um Peter völlig aufzuwecken. Er hatte geträumt und überlegte nun, ob er sich an die Abfolge der Bilder und Ereignisse erinnern konnte. Wie so viele seiner Träume handelte auch dieser von Manuela. Fast immer träumte er von ihrem Gesicht, das entweder in einem vorbeifahrenden Auto oder am Fenster einer Wohnung auftauchte – stets flüchtig, stets herzergreifend. Doch der Traum der letzten Nacht erschien ihm als der merkwürdigste und zugleich eindringlichste. Sie war durch die Luft geflogen und hatte ihn aufgefordert, sich ihr anzuschließen.

»Warte, du musst mir zeigen, wie das geht!«, hatte er geschrien.

Darüber konnte sie nur lachen.

»Du weißt, wie's geht. Mach schon!«

Kurz vor dem Aufwachen flog er tatsächlich über einen riesigen Ozean und folgte ihrem weit entfernten Schatten ins Blau des Himmels.

Er brauchte einen Moment, um in die einsame Gegenwart zurückzufinden, in die Wirklichkeit, in der sie nicht mehr lebendig war. Benommen stand er auf und näherte sich dem Laptop, auf dessen Bildschirm eine E-Mail von Ernesto Olveiros mit dem Betreff »Charlie« angezeigt war. Peter rieb sich die Augen und ging zu Jack, um ihn zu wecken.

Vor ihm stehend, zögerte er jedoch einen Augenblick, kehrte zum Computer zurück und öffnete die E-Mail selbst.

Die Nachricht lautete:

Mann, irgendwas stimmt nicht. Charlies Einheit ist immer noch nicht zurück, obwohl sie längst da sein müsste. Wir haben bisher keinen Funkkontakt herstellen können, halten dich aber auf dem Laufenden.

»O Gott«, flüsterte Peter.

* * *

Peter saß auf einem Stuhl in der Eingangshalle und sah durch die Fenster nach draußen auf das stille Schulgelände.

Am anderen Ende der Halle bog eine Hausmeisterin mit ihrem Mopp um die Ecke. Janice war etwa Mitte vierzig und arbeitete an der Highschool schon fast so lange wie Peter. Gewöhnlich legte sie eine Pause ein, um mit ihm über ihr Leben zu reden, zumal beide meist die

Einzigen waren, die sich samstags im Gebäude aufhielten. Doch heute hatte Peter keine Lust, sich mit ihr zu unterhalten.

»Morgen, Mr Keller.«

»Morgen, Janice«, sagte er mit einer Stimme, die selbst ihm allzu gedämpft erschien.

Sie betrachtete ihn noch einmal, ließ sich aber nicht weiter beirren.

»Na, sind Ihnen ’n paar großartige Ideen gekommen? Haben Sie wieder die ganze Nacht durchgearbeitet?«

Peter schaute mit müden Augen zu ihr auf und lächelte betrübt.

»Könnte man so sagen.«

»War wohl ’ne ziemlich schwere Nacht, hä?«

»Ja, hab mich offenbar einige Mal verkalkuliert.«

»Das tut mir leid«, erwiderte Janice, während sie den Boden rings um ihn wischte.

»Vielleicht sollten Sie rausgehen und ’n Spaziergang machen. Einfach ’ne Weile im Grünen verbringen. Das hilft immer, um den Kopf freizukriegen.«

Peter blickte schweigend zu Boden, dann wieder hoch zu ihr. Nie zuvor hatte Janice ihm einen derartigen Rat gegeben.

»Stimmt was nicht?«, fragte sie.

Peter schüttelte leicht den Kopf.

»Nein, nein. Danke, Janice. Sie haben sicherlich recht.«

Als sie verschwunden war, öffnete er die Tür und trat hinaus auf den Rasen. Normalerweise ging er dorthin nur, um eine Zigarette zu rauchen. Tatsächlich hatte er jetzt eine in der Hand.

Die Luft war durch den heftigen nächtlichen Regen ganz frisch und verströmte einen süßen Wohlgeruch. Peter steckte die Zigarette in die Schachtel zurück und nahm lieber einen tiefen Atemzug. Ein unscheinbarer brauner Vogel auf dem Ast über ihm stieß einen langen Triller aus, wie um ihn zu rufen. Er kannte nicht den Namen des Vogels, aber dass ein so kleines, eintöniges Geschöpf eine so kunstvolle Melodie hervorbringen konnte, bewegte ihn im Innersten.

Nach einer Weile kehrte er ins Gebäude zurück. Im Physiksaal angekommen, beugte er sich über Jack, der immer noch tief schlafend auf dem Boden lag.

»Jack? Jack, wach auf!«

Jack öffnete die Augen, richtete ruckartig den Oberkörper auf und sah Peter vor sich.

»Was ist los?«, fragte er wie aus der Pistole geschossen.

»Hör zu, Jack. Sosehr ich mir gewünscht habe, dass es funktioniert, war es doch nicht meine Aufgabe …«

Jack fiel ihm ins Wort.

»Von was reden Sie?«

»Es war verkehrt von mir, diese Idee zu unterstützen.«

Er hielt inne, unternahm einen weiteren Anlauf.

»Schau, wir alle wollen an Magie und Wunder glauben …«

»Mr Keller …«

»Aber manchmal ist es schwer, die Wahrheit zu akzeptieren«, fuhr Peter fort.

Wieder zögerte er. Der Blick auf Jack verriet ihm, dass Erklärungsversuche nutzlos waren.

»Ich denke«, sagte Jack, »Sie wissen viel mehr über das menschliche Herz, als Sie glauben.«

»Ich möchte dir nur begreiflich machen, dass es mir leidtut, alles. Dass ich deine Situation in eine Art Experiment verwandelt habe, dass ich dir Hoffnungen gemacht habe …«

»Er ist okay. Charlie geht's gut«, erwiderte Jack.

Peter musterte sein Gegenüber. Jack wirkte ruhig und selbstsicher.

»Wie bitte?«

»Er ist okay.«

»Wie willst du das …?«

Jack lächelte.

»Ich weiß es einfach.«

Peter senkte den Kopf. Nun verspürte er noch mehr Unbehagen.

»Oh, Jack. Die Sache ist ernst. Da ist eine Nachricht auf deinem Computer, die du sehen solltest.«

»Von Charlie?«

Peter holte tief Luft. In dem Moment, als er antworten wollte, ertönte ein Piepsen, das die

Einladung zu einem Gespräch auf Skype signalisierte.

Jack sprang auf und rannte zum Laptop. Der Bildschirm zeigte eine Namensliste an. Das Feld, in dem Charlies Name stand, war nun grün unterlegt und in aktivem Zustand.

Ein Dialogfenster erschien: *Charlie möchte einen Videochat beginnen.*

Jack warf Peter ein strahlendes Lächeln zu.

»Fast hätten Sie mir Angst eingejagt, Mr Keller.«

Völlig verwirrt sah Peter ihn an.

Jack klickte auf »Ja«, und Charlies Gesicht zeichnete sich auf dem Bildschirm ab. Er lächelte in die Kamera. Mit Ausnahme seines Kurzhaarschnitts und der zerzausten Uniform sah er genauso aus wie Jack.

»Was ist los mit dir, Bruder?«, fragte er. »Halb Afghanistan hat mir gesagt, dass ich dich nach meiner Rückkehr in die Basis sofort anrufen soll. Um was geht's?«

Jack war beglückt.

»Charlie, du Penner, ich dachte, dir wäre was

zugestoßen! Aber du befindest dich in Sicherheit. Bist du wirklich okay?«

»Klar doch. Bin okay.«

Hinter Jacks Rücken hatte Peter eine Hand auf sein Herz gelegt.

»Was ist passiert?«, fragte Jack.

»Geheimsache, Bruder.«

»Was heißt das?«

»Geheimsache heißt, ich darf's dir nicht mitteilen.«

Am anderen Ende der Welt schob Ernesto seinen Kopf ins Videofenster.

»Jack, sag deinem Bruder, dass er sich nicht wie 'n beschissener Macho aufführen und den großen Helden spielen soll.« Scherzhaft schüttelte er Charlie an den Schultern.

»Dieser Typ wird 'ne verdammte Medaille kriegen.«

»Los, Mann«, rief Jack. »Erzähl! Ich hatte total Angst um dich. Du kannst dir nicht vorstellen, was für 'ne Nacht ich hinter mir hab.«

Charlie trank etwas Wasser aus der Feldflasche und wischte sich das Gesicht mit einem Taschentuch ab. Dann blickte er tief ins Kameraauge zu seinem Bruder.

»Einverstanden«, sagte er, »aber das bleibt ganz unter uns.«

Er lehnte sich nun nach vorn und senkte die Stimme.

»Heut in der Früh wurden wir losgeschickt, um dieses Dorf zu durchkämmen, wo's angeblich Überfälle aus dem Hinterhalt gegeben hat. Auf'm Weg dorthin war 'ne Gegend mit Hügeln auf der einen Seite. Ich hatte den Auftrag, die Hügelkette im Auge zu behalten. Plötzlich sah ich da oben einen Kojoten stehen und dachte sofort an dich. Ich hatte 'nen Flash von dem Zeltlager, wo wir als Kinder immer hingefahren sind, erinnerst du dich? Coyote Camp.«

»Natürlich, Mann, Coyote Valley Youth Camp«, erwiderte Jack grinsend.

»Genau! Als ich daran dachte, haste mir echt gefehlt, mein Hippiebruder!«

Jack strahlte und drehte sich mit einem wissenden, herzlichen Lächeln zu Peter um, während Charlie seinen Bericht fortsetzte.

»Stundenlang sind wir ums Dorf herummarschiert und haben nach Waffen gesucht, Gerüchte über ein Massaker überprüft. Später, auf dem Rückweg zum Stützpunkt, sind wir wieder an der Hügelkette vorbeigekommen, wo ich den Kojoten gesehen hatte, und da hörte ich deine Stimme, Bruder. Ich hab dich wirklich gehört, deinen Ruf, deine Warnung. Und schlagartig hatte ich dieses *Gefühl*. Weißt du, was ich meine?«

Jack nickte, Tränen in den Augen.

»Dann kam mir die rettende Idee: Es gibt in Afghanistan überhaupt keine Kojoten! Also stoppte ich den ganzen Konvoi, und alle verfluchten mich. Aber kurz darauf entdeckten wir ihn, oben auf der Kuppe. Genau an der Stelle, wo der Kojote aufgetaucht war, sahen wir den Kerl davonlaufen. Es stellte sich heraus, dass er gerade eine unkonventionelle Sprengvorrichtung installiert hatte. Wären wir nur hundert Meter weitergefahren – o Mann, die Sache wäre nicht gut ausgegangen, um es mal so auszudrücken.«

Jack atmete tief durch. Er und sein Bruder blieben eine Zeit lang stumm, die Köpfe gebeugt. Peter hatte fast den Eindruck, als würden beide beten.

Es war Charlie, der schließlich das Schweigen brach.

»Das ist also passiert. Und was ist mit dir, Bruderherz? Bist du in einem Labor oder so was?«

Jack wusste nicht, was er darauf nun antworten sollte. Er blickte zu Peter, der nickte, und sprach ein leises »Ja« aus.

»Was wolltest du mir denn erzählen, als du angerufen hast? Gab's was Besonderes?«

Jack rieb sich das Gesicht und schaute wieder zu Peter.

»Nein, Mann, nur dieses Gefühl. Aber jetzt ist es vorbei. Ich mach mir halt die ganze Zeit Sorgen um dich.«

Charlie lachte.

»Weiß ich. Die mach ich mir wegen dir auch. Erinnerst du dich an damals, als Mama …«

* * *

Da nun eine weitere Geschichte begann, zog Peter sich zurück und überließ die Brüder ihren Erinnerungen. Er ging nach draußen, um eine Zigarette zu rauchen.

Als er aus dem Gebäude trat, sah er eine Reihe von Radfahrern vorbeisausen; die letzte Person war eine Frau mit langem schwarzem Haar, die den Arm hob, um zu winken, bevor sie um die Ecke verschwand. Peter war ziemlich sicher, dass sie jemand anderem in der Nähe ein Zeichen gegeben hatte, blickte jedoch nicht über seine Schulter, um das zu überprüfen. Für einige Augenblicke beschloss er, kein Wissenschaftler zu sein, sondern ein Mann, der von seiner Liebsten ein letztes Signal empfing.

Nachdem er die Zigarette zu Ende geraucht hatte, begab er sich leise in den Physiksaal zurück, wo Jack und Charlie noch immer miteinander redeten.

Vor dem Papierstapel auf dem Schreibtisch blieb er stehen und fing an, die Dokumente in zwei Mappen einzuordnen, deren unterschiedliche Zwecke ihm bisher nicht klar gewesen waren. Auf die eine notierte er *Aktuell*, auf die andere *Archiv*.

Die meisten Manuskripte waren seine nahezu abgeschlossenen Forschungsarbeiten, bereit, ein letztes Mal durchgesehen und dann veröffentlicht zu werden. Er musste sie nur ins Reine tippen, in Umschläge stecken und versenden. Doris Manuskript, das er so lange unbeachtet gelassen hatte, legte er oben auf den Stapel in der Mappe mit der Aufschrift *Aktuell*.

Anschließend betrachtete er zahlreiche Aufnahmen von Manuela. Sie saß in einem Café oder an verschiedenen Stellen in seiner Wohnung und lächelte ihm zu … Durch Raum und Zeit sah sie ihn mit unbedingter Liebe an.

Peter ordnete die Fotos neu, legte sie in die Mappe mit den Archivmaterialien und klappte den Deckel zu.

Er richtete den Blick auf Jack, der seinem Bruder gerade eine Geschichte aus der Kindheit wiederholte, die von ihrer Großmutter handelte. Peter, der ihn nicht unterbrechen wollte, schob die Mappe *Aktuell* in seine Aktentasche, ging hinaus auf den Flur und schloss geräuschlos die Tür hinter sich.

Eine schnelle Kalkulation gab ihm zu verstehen, dass Jack und Charlie etwa 12 000 Kilometer voneinander entfernt waren, aber das schien keinerlei Rolle zu spielen. Denn wie seine Experimente vor vielen Jahren bereits angedeutet hatten, waren sie trotzdem tief miteinander verbunden.

Im Freien folgte Peter einer Brise aus Nordwesten und tippte Doris Nummer auf seinem Mobiltelefon. Kurz darauf erschienen auf dem Display zwei Hände, die sich umfassten, als das Klingelzeichen ertönte, und Peter wartete, dass Dori antwortete: *Verbindung hergestellt.*

Wir alle sind verbunden, dachte er, während der reine Duft des Monats April in seine Lungen strömte. Dessen war er sich jetzt so gewiss wie noch nie.